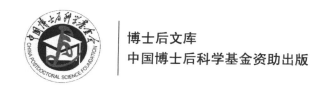

博士后文库

中国博士后科学基金资助出版

非洲新能源勘探与技术经济管理

——以卡鲁盆地为例

李金珊　著

U0271778

科学出版社

北　京

内 容 简 介

本书简要阐述了非洲卡鲁盆地煤层气地质资源和含气量预测技术评价，主要研究非洲卡鲁盆地的地质特征、含气量的预测，以及项目的开发优化管理，可为从事海外其他煤层气项目的并购、勘探开发运作提供一些借鉴与参考。

本书可供从事新能源研究领域的科研人员参考，特别适合非常规天然气等项目的科研人员使用，还可供相关专业的科研、生产人员参考。

图书在版编目(CIP)数据

非洲新能源勘探与技术经济管理：以卡鲁盆地为例 / 李金珊著. —北京：科学出版社，2018.10

（博士后文库）

ISBN 978-7-03-059108-1

Ⅰ. ①非… Ⅱ. ①李… Ⅲ. ①盆地-新能源-地质勘探-研究-非洲 ②盆地-新能源-能源经济-技术经济-经济管理-研究-非洲 Ⅳ. ①P62 ②F440.62

中国版本图书馆CIP数据核字 (2018) 第232452号

责任编辑：吴凡洁　冯晓利 / 责任校对：彭　涛
责任印制：师艳茹 / 封面设计：陈　敬

科学出版社 出版

北京东黄城根北街 16 号
邮政编码：100717
http://www.sciencep.com

北京凌奇印刷有限责任公司 印刷
科学出版社发行　各地新华书店经销

*

2018 年 10 月第　一　版　开本：720×1000 1/16
2018 年 10 月第一次印刷　印张：12 1/2
字数：230 000
POD定价： 88.00元
（如有印装质量问题，我社负责调换）

作 者 简 介

李金珊，男，博士后，高级工程师，澳大利亚矿冶协会 AusIMM 会员，中国能源研究会会员，主要研究新能源、资源经济管理领域。

1996 年毕业于山东大学经济管理系，2010 年毕业于中国矿业大学管理学院，取得工商管理硕士学位，期间在能源经济研究所参加国家能源局的国家煤炭产业政策研究。2014 年毕业于北京科技大学土木与资源工程学院，获得工学博士学位，同时在北京科技大学博士后流动站从事新能源领域的研究。期间，获得国家发明专利 5 项，并在《煤炭学报》《石油学报》《天然气地球科学》《东北大学学报》《中国矿业》等学术期刊发表多篇 EI 检索论文和担任审稿专家。

《博士后文库》序言

1985 年，在李政道先生的倡议和邓小平同志的亲自关怀下，我国建立了博士后制度，同时设立了博士后科学基金。30 多年来，在党和国家的高度重视下，在社会各方面的关心和支持下，博士后制度为我国培养了一大批青年高层次创新人才。在这一过程中，博士后科学基金发挥了不可替代的独特作用。

博士后科学基金是中国特色博士后制度的重要组成部分，专门用于资助博士后研究人员开展创新探索。博士后科学基金的资助，对正处于独立科研生涯起步阶段的博士后研究人员来说，适逢其时，有利于培养他们独立的科研人格、在选题方面的竞争意识以及负责的精神，是他们独立从事科研工作的"第一桶金"。尽管博士后科学基金资助金额不大，但对博士后青年创新人才的培养和激励作用不可估量。四两拨千斤，博士后科学基金有效地推动了博士后研究人员迅速成长为高水平的研究人才，"小基金发挥了大作用"。

在博士后科学基金的资助下，博士后研究人员的优秀学术成果不断涌现。2013年，为提高博士后科学基金的资助效益，中国博士后科学基金会联合科学出版社开展了博士后优秀学术专著出版资助工作，通过专家评审遴选出优秀的博士后学术著作，收入《博士后文库》，由博士后科学基金资助、科学出版社出版。我们希望借此打造专属于博士后学术创新的旗舰图书品牌，激励博士后研究人员潜心科研，扎实治学，提升博士后优秀学术成果的社会影响力。

2015 年，国务院办公厅印发了《关于改革完善博士后制度的意见》（国办发〔2015〕87 号），将"实施自然科学、人文社会科学优秀博士后论著出版支持计划"作为"十三五"期间博士后工作的重要内容和提升博士后研究人员培养质量的重要手段，这更加凸显了出版资助工作的意义。我相信，我们提供的这个出版资助平台将对博士后研究人员激发创新智慧、凝聚创新力量发挥独特的作用，促使博士后研究人员的创新成果更好地服务于创新驱动发展战略和创新型国家的建设。

祝愿广大博士后研究人员在博士后科学基金的资助下早日成长为栋梁之材，为实现中华民族伟大复兴的中国梦做出更大的贡献。

中国博士后科学基金会理事长

前　言

随着国家"一带一路"倡议实施和生态环境保护日益受到重视,对新能源需求与日俱增。非洲资源丰富,与非洲合作勘探开发煤层气具有深远的意义。研究非洲卡鲁盆地煤层气地质特征及含气量特征,对煤层气资源区域进行深入的探索,可以降低甲烷气体对大气环境的温室效应,煤层气资源的利用可取得巨大的经济效益,并进一步优化以煤为主的能源结构,缓解能源短缺,对政治经济、社会发展、生态环境等合作的开展及国家的发展具有深远的意义。

本书研究非洲卡鲁盆地煤层气地质特征及含气量特征,采用等温吸附解吸测试方法进行煤样实验,完成卡鲁盆地煤层含气量特征的分析,并对煤层气资源量进行预测研究;采用灰色系统理论方法,构建卡鲁盆地煤层气储量模型,通过已知煤层气钻井数值,与预测储量进行对比,计算了各煤层气储量实际值与预测值之间残差及平均相对误差值;构建综合效益评价模型,对卡鲁盆地煤层气开发项目的经济效益和非洲社会环境效益做出综合评价,对未来市场进行预测研究,对非洲卡鲁盆地煤层气项目勘探技术和开发方案进行优化管理。

感谢北京科技大学资源与土木工程学院的能源专家朱维耀教授、中国石油勘探开发研究院廊坊分院煤层气专家孙斌和中国石油勘探开发研究院的油气地质专家秦胜飞等给予的指导和帮助,感谢中钢津巴布韦有限公司提供的技术支持,感谢我的妻子赵琳给予支持。

感谢中国博士后科学基金会项目的资助。

由于作者水平有限,书中难免存在不足,恳请读者批评指正。

作　者

2018 年 7 月

目　　录

第一章 绪 论

第一节 煤层气富集成藏

煤层气是一种非常规天然气，在勘探开发技术上有很多方面有别于常规油气，尤其是在储层性质、储集机理、运移机制和产量等方面。煤层气是一种与煤同生共储的天然气，主要成分为甲烷(CH₄)，并不同程度地含有少量其他成分的气体，其中甲烷成分可占 90%～99%，因此在有关煤层气富集的研究中，煤层气富集特指煤层甲烷富集[1]。

煤层气的富集受其生、储、保、运条件的影响，在一定的横向平面与深度范围内呈分区分带性。煤层气富集程度的研究一般在一定级别的构造空间内进行，研究方法是对一定空间范围内煤层气的含气性的差异进行比较。煤层气富集规律的研究，应当以煤层气的生、储、保、运条件为基础，以煤层气的含气性为富集指标，并限定一定的构造研究范围和级别，使煤层气富集程度既具有一定的区域规律性，又具有一定的差异可比性，同时兼顾煤层气富集的特殊地域性，这样才能使有利于探索煤层气富集的本质规律。煤层气的富集是指在特定构造级别或研究区域内，煤层气因生、储、保、运条件的差异，煤层气含气性在一定区带内的相对集中[2]。

一、煤层气与常规天然气异同

煤层气与常规天然气的主要成分都是甲烷，均是优质能源和化工原料，煤层气源于煤层又赋存于煤层之中，可谓"自生自储"，气体以吸附形式赋存于煤孔隙介质中；天然气源于烃源岩(泥岩、灰岩、煤层)，大多数经运移聚集在储集岩石中砂岩、灰岩等，可谓"他生他储"，气体则以游离方式存在。两者在其他方面的差异主要源于这一根本区别。煤层气基本不含无机杂质，天然气一般含有无机杂质[3,4]。在地下存在方式不同，煤层气主要是以大分子团的吸附状态存在于煤层中；天然气主要以游离气体状态存在于砂岩或灰岩中。生产方式、产量曲线也不同[5]。煤层气是通过排水降低地层压力，在煤层中通过"解吸—扩散—流动"采出地面，天然气主要是靠自身的正压产出[6-10]。煤层气初期产量低，但生产周期长，可达20～30 年；而天然气是初期产量高，生产周期一般在 8 年左右。煤层气又称煤矿瓦斯，是煤矿生产安全的主要威胁，并且煤层气的资源量直接与采煤相关，采煤之前如不先采气，在采煤过程中煤层气会排放到大气中。据联合国有关资料统计，我国每年随煤炭开采而损失的煤层气资源量在 $1.94 \times 10^{10} \text{m}^3$ 以上；而天然气资源量受其他采矿活动影响较小，可以有计划地开采[11-14]。

由上可见，煤层气藏和常规天然气有很大差异，最主要的特征是煤层气藏中的甲烷是以吸附状态存在于煤层微孔隙中。煤层气的资源潜力取决于煤层气的生成量和煤层的储集性能。研究煤层气的成藏条件有助于判断煤层气的资源潜力。煤层气藏的形成条件主要包括烃源条件、储集条件、构造条件、热力条件及影响吸附能力的压力封闭条件等[15-17]。

二、煤层气的成藏基础

煤层气的形成是指形成煤的前身——泥炭层的沉积环境，在自然状态下，煤层气顺煤层由深部向浅部[18-21]，由压力大的部位向压力小的部位，由浓度高的部位向浓度低的部位扩散、运移，形成了煤层气富集区域。

正常来讲，煤层厚度大、层数多且含气量较高的部位可以看作是煤层气富集区域。后期改造如构造、岩浆岩对煤层气的赋存影响较大，构造、岩浆岩对煤层的破坏作用，使在一定的区域范围内煤层气的赋存规律发生了变化，造成有些区域煤层气富集或逸散[10,22-24]。

文献资料显示，不同阶段的成煤作用有不同的生气量，即生成 1t 褐煤可产生 $68 \text{m}^3 \text{CH}_4$，生成 1t 长焰煤可产生 $168 \text{m}^3 \text{CH}_4$，生成 1t 气煤可产生 $212 \text{m}^3 \text{CH}_4$，生成 1t 肥煤可产生 $229 \text{m}^3 \text{CH}_4$，生成 1t 焦煤可产生 $270 \text{m}^3 \text{CH}_4$，生成 1t 瘦煤可产生 $287 \text{m}^3 \text{CH}_4$，生成 1t 贫煤可产生 $333 \text{m}^3 \text{CH}_4$，生成 1t 无烟煤可产生 $419 \text{m}^3 \text{CH}_4$，由此可见随着煤化作用的加深，分解出煤层气越多[8,11,25]。

煤层气富集程度的指标为煤层气含气性，含气性包括煤层甲烷含量、含气浓度、含气饱和度、含气丰度、资源密度、含气强度等指标，其中以前四项指标较常用。煤层甲烷含量，指单位体积或单位质量煤体中所含有的标准状况下的甲烷体积，以单位质量煤表示，煤层甲烷含量单位通常为 cm^3/g 或 m^3/t，其中按照分析目的不同，又分为不同的基准含量。煤层甲烷含量是煤层气富集程度的主要判别指标。含气浓度，指煤层气组分中甲烷成分所占的体积分数，表示含气质量的好坏，过低的煤层甲烷浓度不具备煤层气富集研究价值。含气饱和度，指煤层实际含气量与理论含气量的比值，表示煤层气实际含气能力。含气丰度，指单位面积范围内煤层气的含气资源量，用来表示煤层气的区域富集程度[26]。煤层甲烷含量是煤层气富集的主要判别指标，在一定的研究范围内，不同的区块之间，煤层气含量相对大者，可判定为煤层气富集区。

煤层气的富集具有分区分带性特征。煤矿生产及现代煤层气勘探证明，不同的地质构造级别上煤层气的分布并不均一，不同聚煤区、不同含煤盆地、不同煤田、不同矿区，甚至同一矿井的不同煤层、同一煤层的不同区域，煤层气的富集程度都不同，使得煤层气的富集表现出垂向和横向上的分区分带性。垂向上，由于深部煤层气向上运移，地表空气、表土中的生物化学和化学反应生成的气体向下运移，从而使赋存在煤层中的甲烷气体表现出垂向分带的特征。据乌克兰顿巴斯地区的资料[27,28]，在空间上与烟煤和弱变质无烟煤分布一致的含甲烷煤层的 A 区，低于煤层气风化带，煤层甲烷的含量随其埋藏深度按双曲线关系增加，而且煤层的煤层气含量大小取决于煤的变质程度；在空间上与高变质无烟煤展布一致的不含甲烷煤层的 B 区在埋深 1500～1600m 以浅的煤层中完全没有甲烷气；横向上，由于煤化度、煤的岩相组分导致了煤的生气能力分布不均，而盖层性质和厚度、褶皱及断层、地下水的流动导致了煤层气保存运移条件的变化，进而引起煤层气横纵向上的煤层气分布不均。由于引起煤层气赋存的宏观、微观条件的变化，决定了煤层气的赋存富集区，同时也导致了煤层气富集的存在分区分带性。

煤层气是在成煤过程中与煤同时生成，因此煤层气的富集首先受控于煤层气生成的物质基础；其次，煤层气的富集还受控于其储集条件。不同于常规天然气，煤层气具有特殊的物理性质，即吸附性，不同变质程度的煤对甲烷具有不同的吸附性能，同时吸附性能又受外部温度、压力条件和煤的内部组分和煤岩类型的影响，使煤层气的储集条件是煤层气富集的又一重要影响因素。

已有文献研究表明[29]，从长焰煤煤化为无烟煤时，吨煤曾生成 200m^3 以上的煤层气，但现今保存在煤层中的煤层气不到生气量的 1/10，大部分已经放归大气。在地质构造变动过程中，会引起煤层气的封盖条件和运移条件的变化，一般认为，现今煤层气含量的多少决定于其保存条件，而不是其生成条件。因而，煤层气的富集需要有丰厚的产气基础、良好的储集条件和保存条件。

煤层气藏是指在压力作用下"圈闭"着一定数量气体的煤岩体。在自然界，处于一定埋深的煤层均可能含有一定数量的煤层气，且随深度的增加，裂隙发育程度高，通常随着煤阶的增大，煤镜质组反射率($R_{o, max}$)增大，产气能力提高如图 1-1 所示。

勘探实践证明，不是有煤层就有具有经济开采价值的煤层气，有效煤层气气藏指具有商业性开采价值的煤层气藏，即煤层气资源量必须具备商业性开采条件的气藏。有效煤层气气藏需从煤层厚度、埋深、含气量、渗透率和资源量等参数综合确定。煤层气藏主要成藏特征有以下几个方面。

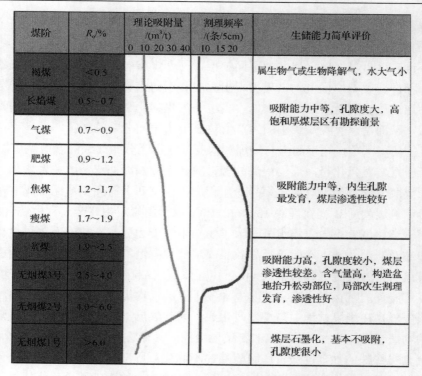

煤阶	R_o/%	理论吸附量 /(m³/t) 0 10 20 30 40	割理频率 /(条/5cm) 10 15 20	生储能力简单评价
褐煤	<0.5			属生物气或生物降解气，水大气小
长焰煤	0.5~0.7			吸附能力中等，孔隙度大，高饱和厚煤层区有勘探前景
气煤	0.7~0.9			
肥煤	0.9~1.2			
焦煤	1.2~1.7			吸附能力中等，内生孔隙最发育，煤层渗透性较好
瘦煤	1.7~1.9			
贫煤	1.9~2.5			吸附能力高，孔隙度较小，煤层渗透性较差。含气量高，构造盆地抬升松动部位，局部次生割理发育，渗透性好
无烟煤3号	2.5~4.0			
无烟煤2号	4.0~6.0			
无烟煤1号	≥6.0			煤层石墨化，基本不吸附，孔隙度很小

图 1-1　煤理论吸附量、裂隙发育程度与煤阶关系

1) 煤层气烃源条件

煤层气的烃源岩就是煤本身。煤富含有机质，在埋藏过程中，可通过两种途径生成天然气：①在泥炭化阶段，沼泽中植物遗体通过微生物的降解作用生成的天然气，称之为生物成因煤层气；②煤化作用过程中，有机质受热发生裂解作用生成天然气，称之为热成因煤层气。两种成因的煤层气均有一定数量被保存在煤的分子结构内，形成煤层气藏。煤层气的成分中 CH_4 占绝对优势，CO_2 很少，而常规天然气中 CO_2 和重烃含量比煤层气中的要高。

在成煤作用过程中，各种显微组分对成气的贡献不同。热模拟实验表明，显微组分最终成烃效率比约为类脂组：镜质组：惰质组＝3：1：0.71；产烃能力比约为 3.3：1.0：0.8。在相同演化条件下惰质组产气率最低；镜质组为惰质组的 4 倍；类脂组最高，为惰质组产气率的 11 倍左右，并能产出较多的液态烃。由此可见，煤的显微组分含量多少直接关系煤层气的富集条件，在我国大多数煤煤层的腐殖煤中，显微组分含量以镜质组最高，一般可占 60%～80%；惰质组占 10%～20%（高者可达 30%～50%）；类脂组的含量最低，一般不超过 5%。

煤是以腐殖型有机质为主的可燃有机岩，其中还或多或少地混有无机矿物质。由于成煤原始物质来源不同及其在成煤过程中所处环境的差异，煤的岩石组成和化学成分比较复杂。煤的有机显微组分包括壳质组、镜质组和惰质组。各显微组分因其 H/C 和 O/C 原子比数量不同和结构的不同而具有不同的生烃潜力。有机岩石学和地球化学工作者通过实验室，对煤显微组分的分离并进行热模拟实验，各种显微组分的生烃潜力如下。

(1)壳质组。壳质组是富氢并有较长链的脂肪族化合物，含有某些饱和的环烷、芳香环及含氧官能团，含氢量高，高温分解时能产生大大超过 50%的挥发油，生烃能力很强。藻类物质是含有少量芳香环和含氧官能团的最富氢长链脂肪族化合物，具有最高的生烃能力，壳质组是煤成油的主要显微组分组。

(2)镜质组。镜质组由植物的木质-纤维组织在沼泽覆水条件下经凝胶化作用转变而来，主要由具短脂肪链与含氧官能团联结的芳香结构组成，具有低氢高氧的特征。富氢镜质组可能具有氢化芳香结构，富含烃。镜质组是煤中的主要成分，因此被认为是生气的主要母质。

(3)惰质组。惰质组由植物的木质-纤维组织在沼泽氧化条件下经丝炭化作用转变而来，具有碳含量高而氢含量极低的特性，不仅不能生油，产气量也比相同煤阶的壳质组和镜质组要低得多，因而通常不把惰质组作为油气母质。但是，近年来的一些研究发现惰质组组分，如澳大利亚某些煤的降解丝质体、冈瓦纳及南非某些煤中的粗粒体、菌类体甚至碎屑惰质体并非完全惰质。特别是南半球煤中"活性半丝体(RSF)"的发现以及荧光与非荧光惰质体的划分，为上述地区煤成烃的评价提供了重要的岩石学证据。

2)煤层气储集条件

煤层气的储层就是煤层本身，储集性能取决于煤的物性，即煤的孔隙性和渗透率。煤的孔隙性和渗透率又受裂隙发育程度的影响。割理是煤中的内生裂隙，由凝胶化物质在压实成岩过程中脱水老化形成，为镜质组中的垂直裂隙。与外生裂隙不同的是割理不穿过整个煤层，因此不会导致原生气的运移扩散。中煤阶的煤，特别是其中的镜质组，孔渗性好，割理也最发育，储气性最好。低煤阶煤孔隙大，但吸附力较差，生气量小。高煤阶煤过于致密，割理大部分已经关闭，若外生裂隙不发育，则渗透性差，煤层气开采难度大。

煤层气生成后，一部分气体通过分子扩散途径或通过裂隙运移至邻近的砂岩中，另一部分气体中绝大部分以吸附状态保存在煤分子结构里，这部分气体一般不发生运移或不发生显著运移。只有当煤层的压力下降时，例如，煤层被抬升变浅，煤层气发生解吸，解吸的气体通过煤基质和微孔隙扩散进入裂缝网络中，再经过裂缝网络流出煤层。

常规天然气则完全是经过运移的游离气。煤既是煤层气的源岩，同时也是煤层气的储层，是自生自储的气藏。煤层气藏内的天然气以三种状态存在，即游离气、吸附气和溶解气，且以吸附气为主。煤储层的孔隙极小，主要发育微孔隙及裂缝(或割理),煤的孔隙结构可以视为"分子筛"。煤的孔隙度很小,除低煤阶的煤以外,一般均小于 10%,中、低挥发分烟煤孔隙度只有 5%左右。渗透率取决于煤层裂缝(或割理)发育和开启程度,通常小于 $10 \times 10^3 m^2$。常规天然气藏储层中的天然气是从烃源岩中运移出来的,二者不同层。

3)煤层气构造条件

构造条件直接影响煤层气藏的形成与保存。煤层气勘探开发实践证明,在构造复杂的地区,尽管有大量的煤层气生成,然而勘探往往难以得到良好的效果。对煤层气藏的保存和煤储集性能而言,构造比较简单的克拉通盆地和前陆盆地中的煤层是有利的。

成煤后的构造活动对煤层气成藏的影响有下列几个方面:一是在煤层围岩封闭较好的条件下,倾角平缓的煤层中气体运移路线长、阻力大,含气量相对大于倾角陡的煤层;二是大型向斜构造的含气量高于背斜中型构造中,封闭条件较好时,背斜较向斜含气量高;封闭条件较差时,向斜部位含气量较高;三是断裂构造既可能是煤层气运移的通道,也可能起封堵作用,主要取决于断裂的力学性质、规模大小及煤层围岩的封闭性[30,31]。煤层围岩封闭性差的情况下,张性裂隙越发育,构造越复杂,应力越集中,形成气体运移通道越多,排气越多,含气量越小。如果围岩封闭性好,即使有断裂存在也不易形成煤层气排放通道。压性断裂一般具有封闭性。四是差异压实也能引起小型构造,并影响煤层气的产能。由于差异压实作用,含煤地层中河道充填砂岩体之上或之下的煤层一般会发生挠曲。脆性煤层经挠曲作用可形成局部裂隙,提高煤层的渗透率。如果裂隙系统充分发育,砂岩层和煤层呈互层出现,将是煤层气勘探的有利目标。

4)煤层气热力条件

煤层气由煤化作用产生。煤中有机质热演化是温度和时间的函数。对于同一地质年代的煤层,地温越高煤的热演化程度越高,所以煤的热演化史是煤层气成藏条件之一。煤层的温度除与区域性的大地地温有关外,还与局部的高热流值如裂谷作用、岩浆活动有关。

美国西部煤盆地煤层气勘探越来越清楚地发现,煤层气在煤盆地中分布不均匀,不仅存在与埋深相关的区域性富集,同时还存在局部性富集。美国西部煤盆地富含甲烷区与煤层温度演化史的关系最为密切,煤的温度越高,所经历的时间越长,煤阶就越高,生成的甲烷量就越大。高热状态不仅与盆地中部埋深较大有关,还与中生代岩浆活动关系密切。

5)煤层气封存条件

煤层气在煤中以吸附状态为主,按等温吸附规律,其含气量主要与储层压力有关,随埋深增加,储层压力增大,含气量升高。但事实上由于煤层气在其成藏过程中不可避免地受构造活动的影响，必然有地层压力释放、游离气的产生及运移，以及相应的含气量和含气饱和度降低的情况，因而实际勘探中发现的煤层气藏很少是完全饱含煤层气的，并且有时出现下部煤层含气量低于上部煤层含气量的情况。

煤层气被"圈闭"在煤层微孔隙中，绝大多数气体在压力作用下呈吸附状态被保存。影响煤层气保存的直接因素是吸附能力和最小流体静压，间接因素包括封盖条件和水文地质条件。良好的封盖层可以减少构造活动过程中煤层气的向外渗流运移扩散和散失，保持较高的地层压力，可以维持最大的吸附量、减弱地层水对煤层气造成的运移散失。因此煤层顶板封盖条件对煤层气的保存与富集具有十分重要的作用，良好的封盖层有下列作用。

一是可以减少煤层气的渗流和扩散散失。处于饱和或过饱和状态的煤层中都存在游离气相，如果没有良好的封盖层，游离气就会通过上覆岩层逸散掉。随着游离气的散失，压力下降，吸附气就会解吸成为游离气继续散失，使煤层的含气量减少而成为欠饱和煤层气层。良好的封盖层可以阻止游离气的渗流运移。当上覆岩层的突破压力高于煤层中气体剩余压力时，则称其为煤层气层的有效盖层，否则称为"假盖层"。当煤层具有有效盖层覆盖时，煤层中气的剩余压力小于有效盖层的突破压力，气体不会突破上覆盖层才能得以保存，同时也维持了原生气的平衡状态，使保持煤层达到最大吸附量，煤层气得以在煤层中富集。著名的美国圣胡安盆地之所以形成煤层气高产区，主要是地煤层之上有巨厚的页岩有效地阻了煤层甲烷的散失。

我国江西萍乐煤田龙潭组 B 煤组之上有分布稳定的泥质岩，岩性致密，封盖条件好，煤层含气量高达 $25.3m^3/t$；而 C 煤组之上为长兴灰岩，有溶蚀孔洞及裂隙发育，封盖能力差，煤层含气量仅为 $0.02\sim1.0m^3/t$。除了渗流运移外，煤层气还可以以分子形式进行扩散运移。虽然扩散运移速度很慢，但在历史过程中无时无刻不在进行着，其累积效应还是相当可观的。对于煤层气藏而言，只要顶板存在浓度梯度，就存在扩散运移。不同岩性样品的扩散系数不同，泥质岩扩散系数小，气扩散的最慢，粉砂岩次之，细砂岩和中砂岩扩散系数较高，气扩散得快，泥质岩可有效地减少气的扩散散失量。

二是保持地层超压形成压力封闭。煤层中气的吸附量随着压力的增高而增加。如果存在充足的气源，煤层气会在相应的地层压力下达到吸附平衡，随着气源的继续供给，煤层就会达到过饱和，这时除了有大量的吸附气之外，还出现大量的游离气而使地层产生超压。当煤层被抬升剥蚀，压力下降，吸附气解吸转化为游离气，也会出现过饱和超压现象。如果没有有效的封盖层，气体就会逸散，不会形成超压现象。如美国圣胡安盆地水果地组煤层之上发育的页岩有效地阻止了地层水交替，加之下倾部位受到封闭，在中北部形成气藏超压（压力梯度高达

0.14MPa/100m)，成为煤层气富集高产区。

三是减弱地层水的垂向交替影响和水溶气的散失量。水动力影响煤层气的保存：如果煤层顶部岩层为渗透层，且地层水交替强烈，由于较大的浓度梯度，煤层气会不断地向渗透层中转移，并被交替的地层水带走，煤层气难以在煤层中保存。地层水的交替可降低煤层的含气量，使饱和煤层气层变为欠饱和煤层气层，导致吸附量降低，解吸压力下降，含气量减少。有良好的封盖层的存在则可减弱地层水交替作用的影响，阻止地层水对煤层的冲洗，使煤层处于地层水阻滞状态，即处于承压水区，可有效保持地层压力，使煤层气尽可能处于吸附状态而不会过多地散失，使煤层气得以保存富集。

6)煤层气水动力和压力

地层压力是煤层气评价中应考虑的重要因素，也是煤层气成藏的重要条件。储层压力是衡量储层能力的尺度，煤层含气量与压力有直接关系，这一点可以从等温吸附线可得到证实[32-34]。压力状态与煤层的水文地质条件有很大关系，通常用水动力学来解释。异常高压或异常低压常常发生在含煤盆地中，对异常压力的解释直接影响煤储层特征。

一是异常高压有利于煤层气藏的形成和保存。从理论上讲，异常高压的存在可以增大气体的吸附能力，同时高压条件下水的不可压缩性可作为煤层割理中的液压支撑机理，限制了岩石在负载下孔隙度和渗透率降低的效应。到目前为止，圣胡安盆地和皮申斯盆地深煤层气井中，具高渗透率和高产气的井均分布于超压水区。可见，超压条件具有提高煤渗透率的作用。

二是原始地层压力的释放对煤层气藏的破坏作用。经过热成熟和气体大量生成的含煤盆地，由于后期的构造运动引起的区域性抬升和剥蚀，使得煤储层的静水压力降低，导致煤层内气体超压。但这个超压系统难以长时间保存，会通过后期断层或深切河谷的开启性节理泄出，形成一个天然的脱气带，对煤层气藏起破坏作用。

三是水动力对煤层气藏气体成分的影响。沉积盆地的水动力特征，不仅影响地层的压力状态，而且影响煤层气体的成分。圣胡安盆地水果地组煤层气组分变化与生物成因气的生成有关，是生物成因气和热成因气的混合气。

第二节　煤层气形成条件及主控因素

一、煤层气成因类型

有机质在中位沼泽和高位沼泽时，处于氧化环境，在喜氧细菌的分解作用下，生成大量气体，但均逸散于大气中。当有机质进入隔氧层后，在厌氧细菌的作用下，氧气减少到零，氧化作用结束，此时有机质被大量保存堆积形成泥炭层。自泥炭层开始，在整个煤层演化过程中，泥炭层及后来的煤层生成大量天然气并部分保留在煤层中，按其成因可大致分为如下三种类型。

1. 原生生物气

泥炭在细菌的分解下可生成大量的生物成因天然气，但当时保存条件差，气体很容易扩散到大气中，绝大部分气体无法保存。进入褐煤阶段，可生成并保存一定规模的生物成因天然气，主要是甲烷。

2. 热成因气

当煤层上覆地层厚度不断加大，温度和压力也随之增加，煤变质作用开始，即当 $R_{o, max} > 0.5\%$ 时，进入长焰煤阶段，一直到无烟煤Ⅲ号、Ⅱ号，煤层在热力作用下大量生成天然气，此时恰逢保存条件较好，故被大量保存下来，形成现今煤层气资源的主体。一般而言，随着煤变质程度增加，煤层生气量在早期快速增加，在焦煤、瘦煤阶段生气量最大，但当演化到贫煤甚至无烟煤后，煤层生气量又将逐步减小。

3. 次生生物气

煤层形成之后，被抬升或隆起时，在浅部煤层中温度降低到56℃以下，生成甲烷的细菌存活。生成次生生物气，次生生物气可以发生在各煤层演化阶段，这对勘探和生产具有重要意义。

二、煤层气富集条件

影响煤层气富集的因素较复杂，总结我国煤层气勘探开发经验，初步认为可以从区域地质、含煤性、含气性和可采性四大类进行研究，并进一步从沉积作用、构造热事件、聚煤作用、煤岩煤质、含气量及组分、等温吸附、储层压力、渗透性和封盖条件九大项进行分析讨论，以期深入研究煤层气的富集条件。不同盆地和含气带的煤层气富集条件不同，因此系统分析煤层气的富集条件，研究目标区煤层气富集主控因素，是煤层气勘探开发选区和部署中需要首先要解决的问题。

1. 区域地质条件

1）沉积作用

沉积环境控制着煤层气的储盖组合、几何形态、煤层厚度等。泥炭沼泽相的变化比其他沉积相要复杂，导致煤储层多具有平面、层内和层间非均质性。海陆沉积相差异。海陆交互相成煤环境以滨海冲积平原、滨岸沼泽、潟湖和三角洲平原为主，形成的煤层一般分布稳定，范围较大。海平面升降引起煤层特征的变化，是导致层间非均质性变化的一个重要因素。陆相泥沼泽中形成横向延伸范围小、相变较快。陆相盆地地形、地貌、地质分异性强，物源补给充足。构造、气候等因素容易造成沉积基准面和容纳空间变化，并得到沉积作用的快速响应，进而引起岩性、岩相的多变。成煤作用对盆地地质背景与沉积作用的反应更为敏感，煤层变薄、分岔、尖灭现象常见，厚度变化快，煤体几何形态复杂。煤平面形态差异表现显著，剖面形态也有相应变化，煤体形态变化受控于煤层直接下伏沉积体系和泥炭沼泽类型。对煤储层几何特征的认识可影响煤层气资源量的估算精度。

2) 聚煤时代

煤相取决于造泥炭时的沉积环境，主要表现在宏观煤岩类型，肉眼可见泥炭植物群落特征等。煤相的垂向变化通常大于横向变化。不同时代、不同沉积环境条件下的煤相不同，即使同一煤层的不同部位也有明显区别。在我国，晚古生代近海聚煤环境条件形成的煤及煤层气藏比中新生代陆相聚煤环境条件下形成的煤及煤层气藏要均一。中新生代陆相聚煤环境下形成的煤体几何形态异常复杂，内部岩性变化也明显，其不均性很强。

2. 构造热事件

构造活动对煤层气生成、运移、赋存、富集乃至后期改造等都有直接作用，而且还对其他地构造活动及煤层气生成、运移、赋存、地质因素有影响。

1) 断层

断裂对煤层气藏的影响是多方面的，它不仅对煤层气的完整性和煤层气的封闭条件有影响，而且对煤体结构、煤岩显微特征及煤的含气量、渗透率均有不同程度的影响。断层对煤层气成藏的影响程度与断层性质及规模有关。压性断层的断层面为密闭性，煤层气很难透过断层面运移散失，断层面附近成为构造应力集中带，可加大煤层气压力，使煤层吸附甲烷量增多，煤层含气量相对增高，张性断层的断层面为开放性，往往成为煤层气运移逸散的极好通道。断层面附近由于构造应力释放而成为低压区，煤层甲烷大量解吸，并从断层面逸散，使煤层含气量急剧下降。但在远离断层面(150~250m)的两侧一般形成两个平行断层呈对称的条带状高压区，煤层甲烷含量相对升高，成为阻止煤层甲烷进一步向断层运移的天然屏障，高压区过后为原压带。断层规模也是影响煤层气富集、保存的重要因素。对于规模较大、切割地层较多的正断层，虽然提高了煤层的渗透率，但也会造成煤层气的逸散；而小型正断层的发育，可以提高煤层气的渗透率。

2）褶皱

褶皱对煤层气的运移和聚集具有明显的控制作用。一般来说，褶皱有利于煤层气的解吸而使其呈游离状态保存在煤储层当中，但不同褶皱类型及其不同构造部位，构造应力场不同，会造成煤储层原始特征的不同改变，从而导致煤层气的封存条件和聚集条件也明显不同。这主要是因为褶皱作用一方面使煤层抬升，造成煤层的静压力随之降低，使煤层气易于解吸；另一方面，在背斜和向斜轴部等受力较强部位裂隙发育，煤层内储气空间增加，不仅使储层压力下降，而且还使煤层渗透率增加，有利于煤层气解吸。通过勘探实践认识到，向斜构造有利于煤层气的富集成藏。研究发现，向斜构造两翼与轴部中和面以上表现为压应力，具有明显的应力集中特点，而中和面以下表现为拉张应力，由于煤层往往埋深较大，只产生少量开放性裂隙，释放部分应力，形成相对低压区。向斜的两翼和轴部中和面以上是有利于煤层气封存和聚集的部位，特别是向斜的轴部是煤层气含量高异常区。当煤层埋深较大，顶板为厚层泥岩时，中和面以下也会出现煤层甲烷聚集。

3）地应力

原地应力指煤层压裂最小有效闭合应力，为煤层破裂压力与其抗张强度之差。原地应力与区域地应力场和煤层埋深有关。煤层气多富集于高地应力下的局部低地应力区。煤层有效地应力低的地区，其煤层渗透率比相同条件下高应力区的煤层渗透率要高。煤层有效地应力愈大，其压裂难度愈大。煤层地应力超过25MPa时，一般压裂效果差。圣胡安盆地高产区域地应力为3～8MPa，沁水盆地南部煤层气田为7.9～9.4MPa，均属最有利区[2]。

4）地温

一般而言，在一定压力条件下，随温度的升高，煤对甲烷的吸附能力减弱，解吸速率加快，吸附时间缩短；反之，解吸速率降低，吸附时间增大。温度对解吸起活化作用，温度越高，游离气越多，吸附气越少。实验结果表明，温度升高时煤层气的活性增大，难以被吸附，同时已被吸附的气体分子易于获得动能从煤体表面解吸出来。所以，增加煤层温度可以提高甲烷的解吸速率。但甲烷在煤中的解吸属于吸热反应，随着甲烷的解吸，煤层中的温度会局部下降，从而降低解吸速率。煤对甲烷的吸附等温线表现为：随着吸附温的升高，平衡吸附量下降，吸附为放热过程，当吸附温度升高时，吸附与解吸的平衡被打破，吸附分子动能增加，平衡向有利于解吸作用的过程进行，造成平衡吸附量的下降。在温度和压力综合作用下，在较低温度和压力区，压力对煤吸附能力的影响大于温度的影响，随着温度和压力的增加，煤吸附甲烷量增大；在较高温度和压力区，温度对煤吸附能力的影响大于压力的影响，煤吸附甲烷量减少。

5) 岩浆作用

区域岩浆热变质区是勘探煤层气的有利场所。这是因为区域岩浆热变质是在较高温度可达 400～500℃，较低压力条件下进行的。在热力迅速烘烤下发生变质，由于煤层未受长时间的强烈压缩，这就有效地保护了煤层的割理和孔隙，使得煤储层物性相近，常由于烘烤作用形成天然焦，对煤层气的富集不利。岩浆作用不仅破坏煤层的连续性，而且对煤层气的生成、储集、运移都可能有很大的影响。

三、含煤性条件

1. 煤层条件

(1) 聚煤作用。当煤层厚度为 0.5～5m 时，煤层含气量会随着煤层厚度增加而增加。当煤层厚度更大时，含气量不一定会随之增加。在一定的厚度内，甲烷才有可能充分吸附和释放，该现象可能与割理形成的条件有关。控气地质因素的复杂性，使很多地区煤储层厚度与其含气性之间关系并无因果联系，但也不乏两者之间具有明显正相关趋势的实例。煤层气的逸散以扩散方式为主，空间两点之间的浓度差是其扩散的主要动力。根据菲克定律以及质量平衡原理建立的煤层甲烷扩散数学模型，在其他条件相似的情况下，煤储层厚度越欠，达到中值浓度或者扩散终止所需要的时间就越长。进一步分析，煤储层本身就是一种高度致密低渗岩层，煤层上下部对中部起着强烈的封盖作用，煤储层厚度越大，中部煤层气向顶底板扩散的路径就越长，扩散阻力就越大，对煤层气的保存就越有利，这也许就是某些矿区或井田煤储层厚度与含气量之间具有正相关趋势的根本原因。

(2) 埋深。通常认为深度对含气量的影响主要表现在对煤储层压力的控制上，深度增大，煤储层压力增高，含气量增大；其次表现为上覆岩层厚度越大，越有利于煤层气的保存。沁水盆地内现有开采矿区多为高沼或瓦斯突出矿区，煤炭开采工作显示，随着开采的延伸，多数矿井相对瓦斯涌出量明显增大；一些钻孔实测煤层含气量也显示，随埋深增大而增高的趋势。但这种规律性并不是简单的直线关系，如霍州、汾孝和沁源地区埋深与含气量之间是指数关系；潘庄、樊庄等地区煤层埋深增大，含气量增大到一定程度又开始减小，表现为多项变化关系。研究表明，沁水盆地煤层含气量的区域变化与煤层上覆"有效地层厚度"地史上地层埋藏最小时刻的深度之间关系较为密切。

(3) 煤层分布。煤层厚度大而分布稳定，有利于形成大型煤层气藏。煤层分布情况主要取决于不同条件的聚煤环境。一般来说，海湾三角洲环境有利于形成厚度大、分布范围广、灰分含量较低、镜质组含量较高的煤层，为煤层气富集的最有利聚煤环境。河流及滨浅湖环境属于煤层气富集的较有利聚煤环境。冲积扇及扇三角洲前缘环境常形成巨厚煤层，但煤层分布不稳定分布范围有限，为较不利的煤层气富集沉积环境。

(4)陷落柱。陷落柱是煤层下伏灰岩地层内岩溶发育到一定程度,上覆地层在重力作用下自然塌落而形成的一种地质现象。煤层陷落柱多分布在靠近于褶曲构造的核心部位,这是因为下伏灰岩地层褶曲构造核心部位发育裂隙,地下水溶蚀、冲刷作用将裂隙扩大成大型溶洞,对上覆煤层支撑不住的结果。陷落柱发生之后煤层气的封闭条件遭到破坏,煤层气可随地下水的循环扩散到其他空间。煤层本身成岩不好,陷落柱产生时煤层随其他地层一起塌陷而破碎,很容易被地下水氧化、冲刷。同时,陷落柱的产生使地层压力降低,造成陷落柱内及其周围的煤层气解吸。因此,陷落柱发育地区煤层气的含量大大降低,在部署煤层气探井时应尽量避开陷落柱发育地区。

(5)冲刷带。比较常见的对煤层破坏较严重的冲刷带有同沉积河道冲刷带、沉积后河道冲刷带和继承性河道冲刷带等成因类型。煤层冲刷带导致煤层的连续性及结构发生复杂变化,灰分含量增高,是对煤层气贫化有一定影响的外部因素,这种影响程度与煤层发育后期的沉积环境变化密切相关。

(6)夹矸、透镜体。夹矸一般指煤层内部的其他岩性薄层。受成煤环境影响,夹矸可有泥岩、粉砂岩及碳酸盐岩等多种岩性类型。此时沉积相带变化,夹矸呈透镜状分布。总体上,夹矸的存在导致煤层出现分叉,灰分含量增加,煤层结构复杂化,对煤层含气量产生明显不利的影响。当煤层中含有夹矸时,煤层反射波振幅减弱,且主频不变。利用这一特征,可开展地震资料解释,直接识别夹矸。

2. 煤岩煤质

(1)煤岩组分。从岩石学的角度来讲,煤是由有机显微组分和矿物质组成的。现有的资料表明,光亮型煤比暗淡型煤吸附能力强。从生气的角度来讲,生气能力次为:壳质组>镜质组>惰质组;但从吸附角度来讲,镜质组和惰质组的吸附能力高于壳质组。也就是说在同等条件下镜质组和惰质组的含量越高,甲烷含量越高。这与煤的孔隙特征和表面性质有关,镜质组不仅含较多的小、微孔隙,而且具较强的甲烷吸附能力。

(2)灰分。煤中除有机物质以外,一般还不同程度地含有矿物质。矿物质可呈现为细小的颗粒煤层中,也可呈现为明显的非煤夹层。当对煤样进行工业分析时,这部分矿物质又称为煤的灰分。灰分含量高,不利于煤层气的赋存。因为气体只吸附在有机质或纯煤上,灰分(即矿物质)无益于气体的吸附,灰分的存在无疑将导致煤层含气量的减少。煤中灰分越高,其含气量越低。

(3)煤阶。煤阶是即煤变质程度,常用镜质体反射率来表示。煤的变质程度,随着热演化的深入,煤阶增高,煤的挥发成分排出,形成大量的微子孔隙,提高了煤的吸附能力;一般焦煤的割理最为发育,到瘦煤、无烟煤时,割理逐渐闭合,可以部分抑制煤层中气体的逸散，提高煤层储气能力。

四、含气性条件

1. 含气量

煤层含气性的定量表征是煤层含气量，即现今在标准温度和标准压力条件下单位重量煤所含天然气的体积。一般来说，煤层含气量高，则气体富集程度好，越有利于煤层气开发。影响含气量的因素较复杂，主要有煤阶、煤岩成分、埋深、构造、水文等。例如，圣胡安盆地北部区域为成熟煤（$R_o > 0.78\%$），含气量通常大于 $9m^3/t$，高产通道地区甚至超过 15.6mL/t 在盆地南部的第二个条带内，由于热成熟度较低（$R_o < 0.65\%$），其气含量也偏低。

2. 气体组分

煤层气的主要组分是甲烷，其次为其他烃类气体和二氧化碳。中高煤阶煤中，甲烷含量一般大于 90%，只有风化带甲烷含量低于 80%。煤层气的同位素成分变化也很大：甲烷含量值变化，煤层气成分主要控制因素是煤阶的成分和深度煤、温度。

3. 含气饱和度

煤层含气饱和度是煤层气可采性评价的重要标志。煤层含气饱和度与常规天然气的含气饱和度不同，煤层含气饱和度主要是指由实测含气量与当前储层温度、压力条件下的理论吸附参数和实测含气量等资料计算获得。

五、可采性条件

1. 煤储层压力

煤储层压力是指作用于煤孔隙空间上的流体压力，包括水压和气压，故又称为孔隙流体压力，常规油气层压力煤储层压力主要受到上覆地层有效厚度、水文地质条件、地应力、地质构造等方面的影响。煤储层压力表征着地层能量的大小，对煤层吸附能力、含气性与气体赋存状态产生重要影响：它决定了水和气体从煤裂隙中流向井筒的能量与临界解吸压力之间的相对关系，直接影响采气过程中排水降压的难易程度。当储层压力降低到临界解吸压力后，煤孔隙中吸附的气体开始解吸，向裂隙扩散，并在压力作用下由裂隙向井筒流动，这就是煤储层排水降压采气的原理。研究煤储层压力十分重要：它是预测储层中流体流动能力的关键，同时也为完井工艺提供了重要参数。

2. 渗透性影响因素

渗透性的地质因素较多，机理相当复杂，仅从原始煤层赋存状态角度考虑，就有孔隙度、割理、煤体结构等因素。

(1)孔隙度。一般指煤的基质孔隙度煤基质中的孔隙十分发育，这种孔隙的内表面积高达 $100\sim400cm^2/g$。一般说来，煤变质程度越高、无机矿物含量越低，镜质组含量越高，煤的内表面积越大。煤基质孔隙内表面上的分子引力一部分指向煤的内部，已达到饱和；另一部分指向孔隙空间，没有饱和，这部分未饱和的分子引力就在煤中微孔内表面产生吸附场，将甲烷分子吸附在微孔隙的内表面上。

(2)割理。与常规储层不同：煤层具有独特的割理、裂隙体系。把煤中裂缝称为割理(煤裂隙)是英国采矿业的习惯。割理的形成是煤化作用过程的结果。在煤化作用中伴随着各种官能团及侧链的断开，由此使煤体产生内部裂隙，这种内部裂隙是煤体本身固有的，同时也是煤体内部结构中相对薄弱部分，煤在后期变化较易沿这些裂隙发生变化或改造。

另外，在煤体的局部也可由构造应力形成割理(外生裂隙)。割理间距一般为 $2\sim20mm$。煤中有大致互相垂直的两组割理：面割理(也是主要裂隙组)可以延伸很远，可达几十米以上，端割理则只发育于两条面割理之间。两组割理与层理面正交或陡角相交，从而把煤体分割成一个个长方形基质块体。煤中的割理密度比相邻砂岩和页岩中的节理密度要大。据研究，面割理在褶皱呈直角拐弯的地方最发育。以煤阶而论，在长 5cm 范围内，焦煤内生主裂隙有 $30\sim40$ 条，长焰煤只有几条，无烟煤一般少于 10 条。构造作用产生的外生裂隙有时与内生裂隙重叠发生，掩盖了内生裂隙并改造或使之深化。煤中发育裂隙是极为重要的，裂隙不仅是储气空间，同时它又可使基质孔隙连通，增强储集层的渗透性。

(3)煤体结构。煤体结构可以划分为原生结构和非原生结构。原生结构煤是指未遭受构造改造，保留原生双重孔隙结构的煤。构造煤是指因构造作用改变原生煤体结构及物性特征，并使煤中的水、气等流体赋存行为发生相应改变的煤的构造岩类产物。按照构造煤固结类型划分为未固结构造煤和固结构造煤两大类，结构造煤按照是否发生重结晶等作用划分为脆性和韧性两个系列，各种系列的构造煤依照碎片或碎粒的粒径及基质比例进一步细分命名。在此命名基础上，辅以碎片和碎粒的形状或特征结构构造进一步描述。构造煤发育区是煤层气吸附-解吸行为最活跃和煤层气藏平衡状态最易被破坏的地区，每次构造运动均形成一幅煤层气吸附-解吸和扩散动力学图景。构造煤发育程度不同，导致空间上构造煤组合不同，其含气性和渗透性的变化也有差别，因此，在地质单元体内形成了因不同构造煤类型而区分的煤层气分布的分带性。我国含煤地层大多经历过多期次、多动力源的构造作用，构造煤含气动力学具有叠加改造的复杂非线性特征。构造煤发育程度及其对煤层气影响的研究是构造煤区煤层气富集条件的重要研究内容。

3. 封盖条件量

(1)水动力。水文地质条件是煤层气保存及形成超压煤储层的主要因素之一，它对煤层气的高产富集起到非常重要的作用。根据地层水的流动状态，可将地下水动力系统划分为供水区带、强交替区带、弱交替区带、滞缓区带、停滞区带及泄水区带 6 个大类。其中，滞缓类型的封闭亚类及停滞类中的封闭亚类为最佳水文条件，对煤层气保存最为有利。沁水盆地由多个水文地质单元构成，特别是地下分水岭的存在，不仅导致水文地质单元并存，而且造成煤层气井气水产能动态复杂化，所以，它是煤层气富集的关键地质因素之一。煤系中流动的地下水动力对煤层气的含量影响很大，在平面上和剖面上，水动力条件强的地区煤层含气量小；相反，在水动力不活跃地区或滞流水区域，煤层含气量则比较高。地下水动力学条件的控气特征概括为水力运移逸散、水力封闭与水力封堵三种作用。

(2)水化学。地下水的地球化学特征也是影响煤层气的重要因素，不同地区地层水矿化度不同，对高煤阶煤层气成藏富集造成不同的影响，高矿化度区域有利于高煤阶煤层气的富集成藏。在正常地质条件下，水对岩石的侵蚀性越强，表明其所处循环交替条件越好。侵蚀性强弱，取决于水中侵蚀性化学成分的多少。同时，地下水化学场反映地下水交替和径流特征，对煤层气的富集条件具有一定的指示作用。对于低煤阶煤层气藏，其成藏需要有一个利于甲烷生成、赋存和富集的环境：合适的温度和地下水矿化度。地下水的滞留区，矿化度非常高，不利于甲烷菌的活动；且从地下水化学场模拟实验可以看出，高矿化度造成低煤阶煤储层吸附能力降低，游离气随着水力作用发生运移和散失，同时随着储层压力降低至临界解吸压力时，吸附气体不断发生解吸、扩散、渗流和运移，最终导致煤层含气量降低，低煤阶煤层气藏遭到严重破坏。

(3)顶底板。良好的压力封存条件有助于气体保存。在盖层体系中，煤层的直接顶板对煤层气保存条件的影响最为显著。良好的封盖层应具备下述条件：平面分布稳定，厚度较大；具有良好的毛细封闭能力，突破压力在 2MPa 以上，能够维持吸附气、溶解气和游离气 3 种相态的平衡关系，保持最大的吸附量；能够有效地阻止地层水的垂向交替作用，减少地层水的交替影响；封闭性能稳定，不易产生微裂缝，不易溶蚀。

六、煤层气富集的主控因素

煤层气的富集既取决于煤层温度、压力条件的变化，也取决于扩散作用的强弱。研究表明，煤层气富集的主要控制地质因素为含煤盆地区域构造演化、水动力作用和封闭条件，这三大地质因素综合反映到向斜富集煤层气这一规律上。具体来说，煤层气高产富集的主控因素包括：煤层分布广，厚度大；煤岩镜质组含量高、灰分含量低，演化适中；煤层割理发育，构造裂缝适中；煤层含气量、含气饱和度高；处于地层高压区；处于构造斜坡带或埋藏适中的向斜区，地应力较小；顶底板封盖条件有利，处于承压水中；处于有利的区域岩浆热变质区。

对于不同盆地的不同含气带，各个富集因素的作用不同，这里需要强调的是各个主控因素的协调配置问题只有各个主控因素协调配置一致，才有可能形成大规模的煤层气富集区。比如圣胡安盆地 Fruitland 煤层气资源十分丰富，但是这些资源并非全盆地均匀分布，实际上是在局部地区形成地质和水文等因素控制的"甜点"区。生产实践也表明了这一点，各地区的单井产气量及天然气组分存在明显的差异。因此，产量分析与地质、水文研究相结合，可识别出具有相似煤层储集特性的产气层段及延伸方向，从而确定产气量最有利的区域。

第三节　煤层气地质特征

一、煤层沉积岩环境

根据水动力条件、岩性组合、沉积物特点及成煤介质的不同，可将煤层发育的沉积环境为泥炭沼泽(狭义)和泥炭坪。前者发育于河流泛滥平原及三角洲平原之上，按其共生的沉积体系、成煤沉积序列可细分为河漫(岸后)泥炭沼泽、湖滨沼泽、扇端泥炭沼泽、三角洲平原泥炭沼泽；后者发育在受潮汐作用影响的多种环境中，受覆水深度变化的影响较大，按照上述特征可细分为潟湖泥炭坪、潮汐三角洲泥炭坪、碳酸盐岩盐台地泥炭坪等。

不同沉积环境形成的煤的显微组分有所不同。在覆水、还原环境下形成的煤层，镜质组含量高，有利于割理发育，储集物性好，含气量高，单井产量高。三角洲平原相中的分流间湾亚相及潮坪泥炭坪相的还原性较强，因此煤层的镜质组含量相对较高，储集物性相对较好。湖滨沼泽相等环境中形成的煤层镜质组含量较低，储集物性相对较差。

二、煤储层岩石学特征

煤是可燃有机岩石，其组成上有明显的非均质性，主要因为煤层是有机物质、无机物质及孔隙-裂隙中的水和气体三部分组成。固体相煤基质由大小不等、形状不同、成分不一的有机质和混入的矿物质组成，是煤的主体。用肉眼观察，煤由各种宏观煤岩成分组成，可根据这些宏观煤岩成分划分出各种宏观煤岩类型。显微镜下，煤由各种显微煤岩组分组成。不同的宏观煤岩类型是由不同的显微煤岩类型组成。

　　煤的显微组分按有机组分性质和成分分为壳质组、镜质组、惰质组。壳质组是成煤植物中生物化学稳定性最强的部分，由植物的繁殖器官和保护器官组成。壳质组在透射光下透明，呈浅黄到深红色，外形各自具有明显特征；油浸反射光下多呈黑灰和浅灰，大多数稍有突起。镜质组在煤中最常见，在大多数煤中其含量达 65%～80%，是植物的茎干、根和叶等组织的木质素、纤维素经煤化而形成的，它具有黏结性，热解时溶解并黏结惰性组分。镜质组中的结构镜质体具有植物细胞结构；无结构镜质体通常看不到植物细胞结构；均质镜质体呈条带状或透镜状，轮廓清晰、均一；基质镜质体是胶结其他显微组分和同生矿物的基质；碎屑镜质体是呈碎屑状的镜质组组分。惰性组原始物料与镜质组相同，但是它是经过丝质化作用而形成的。丝质组在透射光下呈黑色不透明状；油浸反射光下呈白色到黄色，有不同程度的突起。由于丝质化成因、丝质化程度及原始物料的不同，丝质组可分为微粒体、粗粒体、半丝质体、丝质体等显微成分。

　　按照煤的成因可以将煤分成腐殖煤、腐泥煤和残留煤。腐殖煤是由高等植物经成煤作用形成的；腐泥煤是由海藻之类的低等植物的残骸生成的；残留煤是由不易被细菌分解的植物生成的，常残留有植物化石碎片，如蜡煤和烛煤等。

三、煤储层物性特征

　　煤储层是由孔隙、裂隙组成的双重结构系统，可以被理想化为由一系列裂隙切割成规则的含微孔隙的基质块体，煤中的基质孔隙是吸附态和游离态煤层气的主要储集场所，气体的吸附量与煤的孔隙发育程度和孔隙结构特征有关。煤基质孔隙孔径小、数量多，是内表面积的主要贡献者，为煤层气的储集提供了充足的空间。

　　煤储层孔隙分类常以孔隙大小、形态、结构、类型、孔隙度、孔容、比表面积等指标参数来表征孔隙的特征。在目前技术条件下，多采用普通显微镜和扫描电镜(SEM)观测，以及压汞法和低温氮吸附法测试等方法来研究煤的孔隙特征。按照孔隙的成因可分为植物组织孔、气孔、粒间孔、晶间孔、铸模孔、溶蚀孔等。针对孔隙，一般采用霍多特的空间尺度分类方法，将其分为大孔($>1000nm$)、中孔($100\sim1000nm$)、小孔($10\sim100nm$)、微孔($<10nm$)。气体在大孔中主要以层流和紊流方式渗透，在微孔中以毛细管凝结、物理吸附及扩散现象等方式存在。

　　煤储层孔隙可用三个参数定量描述：总孔容，即单位质量煤中孔隙的总体积(cm^3/g)；孔面积，即单位质量煤中孔隙的表面积(cm^2/g)；孔隙率，即单位体积煤中孔隙所占的总体积(%)。按照油气储层分类标准，煤层多属于致密储层或低渗储层，天然气在煤层的运移不是通过孔隙而是通过裂隙实现的，基质孔隙中煤层气的运移仅是扩散。因此，煤层气的研究中一般不采用有效孔隙率这一名词，而采用裂隙孔隙率，用以评价煤层气的运移情况。绝对孔隙度则是用于评价储层的储集性能。煤的总孔容一般为 $0.02\sim0.2cm^3/g$，孔面积一般为 $9\sim35cm^3/g$，孔隙率一般为 1%～6%。

煤的孔隙度、孔径分布和孔比表面积与煤阶关系密切，随着煤阶增高，煤的孔隙度一般呈高—低—高的规律变化。低煤阶时煤的结构疏松，孔隙体积大，大孔占主要地位，孔隙度相对高；中煤阶时，大孔隙减少；高煤阶时，孔隙体积小，微孔占主要地位。肥煤、焦煤、瘦煤中大孔和中孔发育，特别是焦煤最高，可以占总孔隙体积的 38%左右，对煤层气的降压、解吸、扩散、运移均有利，是当前煤层气勘探开发最有利的目标。

煤的孔径分布与煤化程度有密切关系，褐煤中不同级别孔隙的分布较均匀；到长焰煤微孔显著增加，大孔、中孔则明显减少；中等煤化程度的烟煤阶段，孔径分布以大孔和微孔占优势，中孔比例降低；到高变质阶段的瘦煤、无烟煤阶段，微孔占大多数，孔径大于 100nm 的中孔、大孔仅占总孔容的 10%左右。在中、低煤阶阶段，随着煤变质程度的增加，煤的比表面积逐渐降低；到焦煤-无烟煤阶段，煤的比表面积又开始增加。

四、煤储层裂隙

煤中的裂隙又称为节理，指断裂后断裂面两侧煤岩没有发生沿断裂面的显著位移，或仅有微量位移的断裂。裂隙和断层广泛发育于煤层中，是煤层气在煤储层中运移的主要通道，也是煤储层具有渗透性的先决条件。按照成因可以将煤中裂隙分为三类：原生裂隙(节理)、风化裂隙(节理)、构造裂隙(节理)，前者为内生裂隙，后两者为外生裂隙。

原生裂隙通常是煤化作用过程中煤中凝胶化组分体积收缩变形的结果：主要为小裂隙和微裂隙。常局限于光亮煤和半亮煤中，与层理面呈高角度相交，主要有两组，两者呈近直角相交，延伸可达数毫米到数厘米。裂隙发育程度与煤阶密切相关，中煤阶煤中最发育，如焦煤、镜煤条带中的裂隙。风化裂隙属于煤层受风化作用产生的裂隙，常由其他裂隙风化扩大而形成，其特点是裂隙排列不规则，常常在地表发育，随深度增加裂隙密度很快降低，到一定深度后，风化裂隙不复存在。构造裂隙在煤层和岩石中都常见，属于受构造变动作用形成的裂隙。按其力学成因可将构造裂隙分为张裂隙、剪裂隙两类。前者是在张应力条件下形成的裂隙，后者是在剪应力条件下形成的裂隙。

煤储层裂隙的表征参数：对煤储层中裂隙的描述可以在矿井煤层剖面、钻孔煤心或煤岩手标本上进行，内容包括走向、倾向、倾角、长度、宽度、高度、密度、矿物充填状况、表面形态或粗糙度、组合形态、连通性等。这些性质均会对煤储层的渗透性和工程力学性质产生重要影响。

煤储层裂隙影响因素：煤裂隙同样受到煤变质作用的影响。中等变质程度的光亮煤和半亮煤中的裂隙最发育，这些煤层分布区是煤层气勘探开发的优选靶区。裂隙的频率与煤阶存在函数关系，发育频率从褐煤到中等挥发分烟煤逐步增大，而后到无烟煤则逐步下降。中等变质程度的煤层内生裂隙最为发育，提高了煤的渗透性和基质孔隙连通性，煤储层物性条件好，在勘探过程中容易降压，有利于煤层气的解吸、扩散和运移，是最有利煤层气开发的煤阶。煤中孔隙的发育除了受控于煤相之外，还受煤阶和变质作用类型的控制；微裂隙的发育受煤岩成分和煤变质双重因素的控制，内生裂隙的发育除了受煤岩成分影响外，还受煤变质的制约。裂隙的密度主要取决于煤阶，一般在镜质组反射率为1.3%左右时裂隙密度最大，裂隙在高煤阶阶段发生闭合作用，主要是由于次生显微组分的充填和胶合作用所致。

五、煤储层渗透率

煤储层渗透率是反映煤层中流体渗透性能的重要参数，决定着煤层气的运移和产出，是煤储层物性评价中最直接的评价指标。煤层气勘探初期的渗透率主要有试井渗透率和煤岩渗透率两种。

试井渗透率最能反映储层原始状态下的渗透率，因此是比较可靠的渗透率确定方法。试井渗透率是在现场通过试井直接测得的，对煤储层而言，多采用段塞法和注水降压法。当研究区没有试井渗透率资料时，可选取煤岩渗透率替代试井渗透率。

煤岩渗透率是通过实验室常规煤岩心分析获得的。相对于试井渗透率，煤岩渗透率有其局限之处，常由于环境条件的改变而不能反映真实情况。首先，煤岩渗透率一般在常温、常压条件下测得，与煤储层高温、高压的原始状态不符；其次，实验室渗透率由于样品过小而降低了测试精度；最后，即使煤样足够大也不能完全反映煤储层大的外生裂隙，因此常低估了煤储层的实际渗透率。相反，煤样在运送、制样过程中也可能形成人工裂隙，这样就高估了煤储层的实际渗透率。尽管煤岩渗透率用于评价煤储层渗透率时存在不足之处，但由于其数据比较容易获得，故一直作为煤储层渗透率评价的主要指标。特别是对没有煤层气钻井的低勘探区域进行评价时，可选择煤岩渗透率作为评价储层渗透率的重要指标。

煤储层渗透率受控于多种复杂的地质条件，如地质构造、应力状态、煤层埋深、煤体结构、煤岩煤质特征、煤变质程度和天然裂隙系统等都不同程度地影响着煤储层渗透率。我国多数煤层在其沉积后经历了多个期次、多个方向的应力场改造，煤储层原始渗透性主要取决于天然裂隙的发育程度和裂隙的张开度，其中天然裂隙的发育程度受控于煤化历程和相关构造运动的综合作用；而裂隙的张开度受控于地应力。在煤层气开发过程中，随着水、气排出，煤储层压力逐渐下降，导致煤储层有效应力增加，煤储层发生显著的弹塑性形变，微孔隙和裂隙被压缩和闭合,从而使煤储层渗透率明显下降。因此影响煤储层渗透性的主要因素有地质构造、煤体结构、煤层埋深和现今地应力等。

六、煤储层吸附与解吸特征

煤储层吸附特征,在地层条件下,煤层气最主要的赋存状态是吸附态。煤的吸附能力是影响煤层含气量的关键因素之一。

煤储层吸附能力影响因素,在等温条件下,煤岩天然气吸附量与储层压力呈正相关关系。随着压力的增高,吸附量增大,但不同压力区间内吸附量的增长率不等,一般在高压力区间,吸附量随压力增加而增幅逐渐变小,直到增幅为零时,煤的吸附达到饱和状态。

煤的变质程度、显微煤岩组成对煤的孔隙、裂隙发育程度有制约作用,进而对煤的吸附能力产生明显影响。由于煤孔隙率、孔隙结构、变质程度、储层压力和温度在平面上的变化,导致同一煤层在平面上的煤吸附能力存在一定差异。煤中水分含量会对煤中甲烷的吸附能力产生重要影响,这是由于煤中水分和气体分子与煤结构之间具有相似特征,水分子与煤之间不存在共价键,都是以较弱的范德瓦耳斯力吸附在煤中,即煤对水分子产生物理吸附所致。水为极性分子,极性键的存在使水分子与煤孔隙内表面之间的结合力更强、更紧密,水分子比甲烷分子更易吸附于煤中,从而降低了煤对甲烷的吸附量。

正常情况下,煤层埋深增大,储层压力和储层温度均有所增加,从而导致煤吸附能力变化。一般来讲,从风化带边界到埋深为 400~600m 时,煤层气含量增加最快;埋深为 800~1000m 时,煤层气含量增加幅度减缓;到更大的埋藏深度,由于温度的负效应大于压力的正效应,煤层气含量随深度的增大而趋于减小。当温度负效应等于压力正效应时,煤层气含量不再随深度增加而增大,这一埋藏深度称为临界深度,临界埋深一般为 1200~2000m。

七、煤储层解吸特征

解吸是吸附的逆过程,处于运动状态的气体分子因温度、压力等条件的变化,导致热运动动能增加而克服气体分子和煤基质之间的引力作用,从煤的内表面脱离成为游离态,即发生了解吸。煤层气的开采正是利用这一原理,人为排水降压,打破能量平衡而使甲烷分子解吸成为游离的煤层气。

解吸是一个动态过程,它包括微观和宏观两种意义。在原始状态下,煤基质表面上或微孔隙中的吸附态煤层气与裂隙系统中的煤层气处于动态平衡;当外界压力改变时,这一平衡被打破。当外界压力低于煤层气的临界解析压力时,吸附态煤层气开始解吸。首先是煤基质表面或微孔内表面上的吸附态发生脱附(即微观解吸);随后在浓度差作用下,已经脱附的气体分子经基质向裂隙中扩散(即宏观解吸）；最后在压力差作用下，扩散至裂隙中的自由态气体继续做渗流运动。这三个过程是一个有机统一体，相互促进，相互制约。

第四节　煤层气成藏控制理论

一、影响煤层气富集的因素

评价煤层气富集程度的主要指标是煤层气含气量。我国传统的瓦斯研究从煤矿安全的角度出发，将影响瓦斯含量的主要因素分为：埋深、煤层及围岩透气性、煤层倾角、煤层露头、煤的变质程度、地质史、风化剥蚀程度、褶曲形态、断裂构造、水文地质、岩浆活动 11 小类。而现代煤层气地质理论从煤层气资源开发的角度出发，将煤层气富集的主控制因素分为：煤的生气能力、储集能力、封盖能力、运移能力四大类，也有研究者将影响煤层气富集的因素分为含气性因素、煤层因素、盖层因素和地质背景因素四类。

国外学者认为[35,36]，影响煤层气富集成藏的主控地质因素包括：构造条件、煤层埋深、煤阶、煤层厚度、含气量、渗透率、煤层气压力、解吸压力和水文条件。由于煤层气富集影响因素的复杂性，同时各种因素错综复杂，相互交织，很难有一个统一的分类体系。虽然煤层气的富集受多种因素的制约，但是比较有共识的主控因素有三类：一是煤岩性质，二是所在区域煤岩的地球物理场，三是地质构造。以下按照这一标准对影响煤层气的富集的因素展开讨论。

二、煤岩性质对煤层气富集的影响

煤岩性质对煤层气富集的影响，主要从微观方面进行研究，对煤层气富集的影响主要体现在煤层气生气能力、储集能力、运移能力。煤的生气能力一般与煤的变质程度和显微煤岩类型有关。

煤的人工热模拟表明[37,38]，煤的显微组分生气能力在焦煤-无烟煤阶段表现为壳质组＞镜质组＞惰质组，其比率为 1.5：1.0：0.7，也有研究认为镜质组产气略大于壳质组，但近年来有学者对此提出疑问，理由是现今模拟的固相煤岩组分已不是原生产气母质，据此进行的模拟结果仅是残存在现今组分内的生烃潜能，自然界中惰质组组分的植物前身及其化学成分大体与镜质组相似，这表明惰质组前身正因产出过大量的烃类，导致其现今生烃能力弱，镜质组中存在的荧光镜质体只能表明其现今具强生烃能力，并不能表明现今煤层气由镜质组生成，壳质组的强生烃能力只能表明它的生烃潜能还未充分发挥出来。

煤岩性质对吸附甲烷储集能力的影响。煤岩性质通过煤的煤岩类型、变质程度、煤岩组分、灰分、水分等因素对煤层气储集能力造成影响，而这些因素之间又互相影响，情况较为复杂。煤层气的赋存状态目前较为普遍的认识是：煤层气在煤层中以吸着态、游离态和溶解态三种形式赋存，其中吸着态包括吸附态、吸收态和凝聚态，在现今煤层气开采深度范围内，吸附态是其最主要的赋存状态，因此煤层气的储集主要受到其吸附能力的控制。

据重庆大学陈昌国等[39,40]，研究煤层甲烷与煤的吸附属于物理吸附，因为 -100～30℃温区的现场红外光谱实验未观察到 CH_4 在煤中形成化学吸附，作者采用量子化学从头计算法获得的甲烷分子吸附于煤（石墨）晶面的最大吸附势仅为 2.65kJ/mol，显然属于物理吸附过程，即 Gasser 等著作中所说的表面凝聚[41]。国外有关研究测得煤对甲烷的吸附热比汽化热低 30%，也认为煤层甲烷应以物理吸附方式存在，煤对 N_2、CO_2 等的吸附也与甲烷一样，属于物理吸附。煤的甲烷的吸附具有吸附热低，吸附、解吸速率快，吸附和解吸可逆的特点，解吸几乎可在瞬间完成。

乌克兰科学院 Alexeev 等采用核磁共振氢谱（1HNMR）和 X 射线衍射技术，发现煤中有机质微晶结构在吸附甲烷后发生了明显变化，并认为固溶态 CH_4 能以晶体形式存在于煤基质中，而不仅仅呈吸附态[42-44]。通过镜质组反射率来表示吸附容量与煤阶的关系，煤的极限吸附量分别在 $R_{o,max}=1.3\%$ 附近达到极小值，在 $R_{o,max}=3.5\%$ 达到极大值（无烟煤 3 号），当 $R_{o,max}>4.0\%$ 时，吸附能力随煤化程度的加深迅速降低，也呈现"三段式"，这与挥发分表征的极限吸附量结果一致。

国外 Yee 等[45]1993 年的研究也和我国以往的实验研究一致，煤的吸附容量和煤阶的关系呈 U 形，并在高挥发分烟煤 A 阶段附近存在一个最小值。但近年来张丽萍等[46]的实验结果却与以上两者不同，主要表现在 $R_{o,max}=0.5\%～2\%$ 时存在差异，新的研究表明，$R_{o,max}=0.5\%～2.0\%$ 时，煤的吸附量与煤阶的关系是正相关，而不存在 $R_{o,max}=1.3\%$ 附近的最小值，极限吸附量与煤阶的关系曲线为"两段式"。

张新民等[11]通过褐煤到无烟煤 2 号的吸附实验发现，褐煤的吸附能力明显低于其他各变质阶段的煤；长焰煤至肥煤的三个煤阶（$R_{o,max}=0.5\%～1.20\%$）范围内，吸附容量随煤化程度增高而缓慢增加；焦煤之后到无烟煤 2 号（$R_{o,max}=0.5\%～1.20\%$），吸附容量随煤化度增加而快速增加，无烟煤 2 号的吸附能力最强，超过 $R_{o,max}=4.0\%$，随变质程度的增加，吸附容量急剧变小以致于很少吸附或基本不吸附，这与苏现波等[47]的实验结果类似。

张群和杨锡禄[48]的研究结果表明，吸附量随煤的镜质组含量的增大而增大，随惰质组含量的增加而减小。吸附量与煤岩水分的关系。苏联学者霍多特博士通过实验研究表明，煤的吸附量随水分的增加而减小，并提出了水分影响甲烷吸附量的经验公式。

文献[48]～[53]通过不同煤阶平衡水煤样和干燥煤样的吸附量的比较发现，中低变质程度阶段，煤阶越低，平衡水煤样吸附量越小，给出的理论解释是：中低变质煤主要具有较多的大中孔隙，含水量大，水分占据了煤中孔隙，降低了甲烷吸附量。

文献[48]～[53]进行了不同煤阶的平衡水煤样吸附实验,实验表明,煤的极限吸附量在 $R_{o,\,max}$ 为 4.5%时达到最大值,呈现出"两段式"演化模式,为合理评价煤储层的吸附性与含气性提供了重要科学依据。

近期有研究者对吸附能力与水分的关系做了进一步的研究认为,水分对煤的吸附量的影响,主要是气态水的影响,因水分子具有极性,煤会优先吸附水分子,从而影响煤的吸附点位和吸附能,当煤中水分超过临界水分(平衡水分),气态水达到相对饱和状态并出现液态水时,煤吸附气体能力不再受水分的影响,这时液态水只能润湿煤的外表面和煤中部分大孔隙,而此时液态水无法克服界面张力而进入孔径很小的凝聚——吸附孔隙和吸收孔隙,因而液态水也就不再对吸附量产生明显影响。

近年来,国外研究者开展了煤储层孔隙结构对解吸、吸附特性影响的研究[54-58],加拿大 Clarkson 发现,在低压阶段,孔容随结构镜质体含量的增高而增高,高惰质组、高灰分的暗煤中孔比例高。当碳含量为 90%左右比表面积最小,煤化度与大孔和过渡孔、煤化度与甲烷极限吸附量随煤化度的关系和比表面积的变化规律较一致,均在碳含量为 86%～90%时达到极小值,同时煤的真假密度与煤化度的关系也呈现相似规律,这些证据表明,随煤化度的加深和煤孔隙结构的变化,导致了煤的比表面积发生变化,在外部其他条件相同时,比表面积决定了煤体吸附能力的大小。

张晓东等[59]研究了不同粒度煤样的吸附特征,实验结果表明,粒度对吸附量无影响,粒度对吸附的影响主要是粒度的变化引起了吸附路径的变化,从而使得吸附时间发生变化。但以上研究者的实验却不能解释构造煤粒度减小,比表面积急剧增大,吸附量异常增大这一现象。

陈大力[60]研究了岩石与瓦斯的吸附关系,实验表明砂岩与页岩的瓦斯含量与瓦斯压力基本为线性关系,这表明岩石对煤层气没有吸附作用,岩石中的煤层气均以游离状态存在。

煤岩性质对游离甲烷储集和运移能力的影响。煤岩性质对煤层气的运移能力的影响主要体现在煤岩体的孔裂隙结构上,并主要影响煤层气中游离气体的运移,同时运移与储集两者互相影响,运移条件的变化必然引起储集条件的变化。普遍认为煤层气有两种的运移方式:扩散运移和渗流运移。

目前,关于煤的孔隙结构的研究手段主要有:水孔隙率、氦孔隙率测定法、吸附法(常采用 N_2 和 CO_2 做吸附剂)、压汞法、扫描电镜、透射电镜、X 射线衍射、核磁共振、NMR 旋转-松弛测量法、气相色谱法等,每一种测试手段均有其优势和局限性,因而众多研究者一般采用多种测试方法来综合表达孔隙结构,从各个侧面来获得煤层气储集运移能力。

吸附法和压汞法常被用来研究煤的孔隙结构特征,采用这两种方法可以获得比表面积、总孔容、孔径分布、各阶段孔径所占的孔容比例及平均中值孔径,从孔隙结构的分布形态可以判断煤层气的储集能力和运移能力。较普遍的认识是,随着煤阶的升高,比表面积增大,孔隙类型以小孔和微孔为主,大孔及中孔下降,表明随着煤阶的升高,煤层具有良好的储集性能,但运移能力较差,不利于抽采。

众多的研究者从能否产生吸附回线来判断孔隙的形态和连通性:两端开口圆筒形孔和四边开放的平行板孔能够产生吸附回线,细瓶颈孔(墨水瓶孔)也能产生吸附回线,这类孔连通性好,易于煤层气运移,但不利于储集,而一端封闭的不透气孔不产生吸附回线,这类孔储集性能好,但不利于煤层气的运移。利用压汞曲线形态可以获得孔隙的发育情况和连通性情况。

吴俊等[61]根据压汞实验结果,按照孔径分布特征,将煤孔隙分为开放型、过渡型和封闭型三大类孔隙,在此基础上划分成九小类孔隙。

姚艳斌等[62-64]根据压汞滞后环,将孔隙类型分为四类:进汞迅速、退汞效率高的孔隙,连通性好,有利于煤层的聚集和运移;进汞缓慢,进汞与退汞曲线平行的孔隙,吸附孔较渗流孔发育,渗流孔内部连通性好,但两类孔隙之间的连通性差,这类孔隙表明,煤层有较好的储集能力,但运移能力较差;进汞量小,退汞效率低的孔隙对煤层气的储集和运移均不利;进汞量小而退汞效率高的孔隙,反映孔隙类型以吸附孔占绝对优势,渗流孔含量少,这类孔隙非常不利于煤层气的运移。

张慧等[65,66]按照孔隙成因类型将孔分为原生孔、后生孔、外生孔、矿物质孔四大类九小类,并根据孔隙成因和形态,结合地质背景分析了煤层气的储集和运移能力研究认为,构造煤的比表面积增大,孔隙总体积和孔隙率增加,易于增加煤的吸入能力,但由于破碎严重,孔隙被充填,渗透率低,虽然储集能力提高,但运移能力较差,作者的研究主要从大孔层面来分析煤岩对煤层气的储运能力。除孔隙外,煤岩的裂隙(国外亦称割理)也影响煤层气的储集运移能力。关于煤中裂隙的研究最早见于煤田地质学领域,已有百余年历史,但真正系统的研究始于20世纪60年代,苏联Ammosov、热姆丘日尼科夫等先后对煤中裂隙进行了初步分类,并探讨了各类成因,但煤田地质学、煤岩学中有关裂隙的研究较为少见[67-70]。

20世纪70年代后期,随着美国煤层气勘探活动的深入,煤裂隙的研究日趋活跃,并重视从煤层气角度来研究储层裂隙的形成、形态,而近年来的研究重点放在了煤储层的渗流和产能评价方面。

目前,煤的裂隙结构的主要研究手段有:井下巷道煤壁观察、煤样手标本描述、光学显微镜观察、扫描电镜观察、CT扫描,主要以定性评价为主。煤中裂隙的规模存在很大差异，不同规模的裂隙在煤层中的发育差距较大，根据裂隙的规模与煤层煤岩类型及煤岩成分，将裂隙分为巨型、大型、中型、小型、微型、超微型六类，同时还提出了裂隙的密度、连通性、发育程度三大类指标。

按成因分类，煤中存在内生裂隙和外生裂隙两种，并认为内生裂隙在镜煤中最为发育，在显微煤岩组分中的发育程度为镜质组＞惰质组＞壳质组。内生裂隙与煤阶的关系表现为：焦煤、瘦煤中内生裂隙最发育，从烟煤到无烟煤裂隙逐渐闭合，但闭合的机理仍处于推测阶段，尚没有很好的理论解释。

内生裂隙的发育有利于煤层气的运移，但只有在外部封闭条件好的情况下才有利于储集。外生裂隙普遍认为由外部构造应力引起，是在原内生裂隙的基础上改造而成，其开合程度对外部应力较为敏感。定量的方法对裂隙结构的考查重点在裂隙对煤层气的渗流运移能力的贡献上。为定量化描述裂隙对煤层气的储集和运移能力，研究者多采用裂隙的高度、长度、裂隙间距、产状、裂隙密度来对其进行表征。

近年来，利用分形方法描述裂隙特征以表达煤层的储集运移能力，是又一定量化手段。秦勇教授[71]应用分形方法对孔裂隙结构进行了重新分类，同时进一步研究表明，长度在 0.012～100μm 的裂隙具有明显的分形特征，并以此来判断煤层气的储集和运移能力。

Law 等[72-80]根据大量统计，建立了割理间距与煤阶间的关系。就目前研究成果来看，国内外研究者大多通过孔裂隙结构来研究游离煤层气的富集能力。

三、地球物理场对煤层气富集的影响

地球物理场对煤层气富集的影响表现为地层温度、应力、孔隙压力对煤层气的作用，国内关于地球物理场与煤层气的研究，以重庆大学鲜学福等[81]领导的研究团队最具代表性，以地球物理场理论为基础，重庆大学学者较为完整而系统的对煤层气的吸附、解吸、渗流、扩散、富集、储集，以及煤与瓦斯突出做出了大量奠基性工作和开创性成果。煤的吸附能力与煤体温度的关系，普遍认为温度升高，煤的吸附能力下降，测定表明，当压力为 5MPa 时，温度每升高 1℃，甲烷吸附量下降 $0.12cm^3/g$。煤炭科学研究总院重庆分院的实验表明，温度每升高 1℃，煤吸附甲烷的能力下降 8%。

钟玲文等[82]在研究温度和压力对吸附量的综合影响时发现，在不同压力下，温度和吸附量呈线性关系。赵志根和唐修义[83]利用不同温度下的吸附实验结果，建立了饱和吸附量和温度的关系式。以上研究者得出的温度与吸附量的关系仅为经验关系，而我国重庆大学鲜学福院士、陈昌国、傅学海、李小彦等专家通过实验证实[84-100]，吸附常数 a 值基本不随温度变化而变化，而 b 值随温度升高而

下降，并根据 Gasser 著作中的公式得出了 b 值与温度呈线性关系的结论，从本质上研究了温度与吸附量的关系，同时给出了用于工程计算的 b 值与温度的实验关系。

钱凯等[101]认为，在理论上，煤的最大饱和吸附量不受温度的影响，在任何温度条件下，极限吸附量都相同，这与重庆大学的研究结果一致。

胡涛等在研究其他固-气吸附体系时，提出可以采用等量吸附热预测其他温度下的吸附量，但至少需要两个温度点的吸附数据[102-119]，而 2005 年两位研究者分别采用吸附势理论，只凭借一个温度下的吸附数据获得了其他温度下的吸附量，省去了多次测定不同温度下吸附等温线的烦琐工作。另有专家研究了地电场对煤层气的吸附影响，实验结果表明，吸附常数 b 随电场强度增加而增加，而吸附常数 a 基本不随电场强度而变化。研究表明煤化程度高的煤，煤的导电性越好，甲烷气体在煤中的电动效应越强，渗透系数越大。地应力与煤层气的关系表现在两个方面：一是应力对吸附能力的影响；二是应力对储集和运移能力的影响。通常认为，应力不会影响到煤的吸附空间，因而不会影响煤的吸附能力，应力对煤体的压缩、拉张仅会引起孔隙压力的变化，而孔隙压力在煤岩性质大致相当的情况却决定了吸附量的大小，从而引起煤层气富集程度的变化。

但近年来的研究逐渐发现，应力引起了煤质变化，进而引起了吸附量变化，主要区别在于以往未能区分构造应力和重力的作用方式。研究了煤体深部地应力场、地温场与煤层气含量的关系，地应力场、地温场的变化引起了煤层气储运条件的转变。

四、地质构造对煤层气富集的影响

地质构造对煤层气富集的影响主要从宏观方面进行研究，其对煤层气富集的影响主要体现在对煤层气保存、封盖方面，因外部地质系统保存条件的变化而引起煤岩性质、温压条件、解吸条件、储集运移条件等一系列的变化，并进而影响到煤层气的富集。影响煤层气富集成藏的主要因素有水动力、构造应力、煤层展布形态等。并根据构造形态和成因把煤层气富集区的富集类型划分为八类：水压单斜型、水压向斜型、气压向斜型、断块型、背斜型、地层岩性型、岩体型、复合型。可按照圈闭形成条件，将煤层气成藏划分为静水压力圈闭煤层气藏、水动力圈闭煤层气藏、复合煤层气藏。

赵庆波[119]将我国的煤层气藏划分为四类：压力封闭型气藏、承压水封堵型气藏、顶板水网络状微渗率封堵型气藏、构造圈闭气藏。钱凯等[101]结合地质构造特征，将煤层气藏划分为五种类型：水压向斜气藏、水压单斜气藏、气压向斜气藏、背斜构造气藏及与低压异常相关的气藏。从含煤盆地、盆地内构造作用及构造对储层物性的改造三个方面研究了不同构造层次对煤层气富集的控制作用。以上研究者着重从构造圈闭角度研究煤层气富集成藏条件，其主要理论依据是参考了常规天然气成藏条件。煤层气的富集还受到封盖条件的影响，主要表现为水力封闭和顶底板岩性封闭。

很多学者认为封盖层性能的好坏除取决于盖层的岩性、厚度和物性外，还与储层压力和盖层突破压力(即排替压力)有关[64,115,120-124]，其中突破压力具有决定性作用，并引入盖层突破压力指数表示盖层封盖性能的相对好坏，并且将盖层按照突破压力指数分为屏障层(指数大于 1)、半屏障层(0.5~1)和透气层(<0.5)。盖层的有效性影响因素包括岩性、可塑性、厚度和横向连续性，同时还认为盖层具有一定的韧性、塑性，在受构造应力的改造时，易发生蠕变、流变，如果盖层的厚度大、连续且稳定分布，则具有更好的封盖性能。

瓦斯研究者认为[125-127]，构造的凹侧易受挤压而形成集中应力带，该带内有利于瓦斯赋存，帚状构造收敛端属应力集中部位，有利于瓦斯保存，向斜轴部中和面以上和背斜轴部中和面以下，压性断层都有利于瓦斯保存。以上研究者重在宏观的大区域研究，对于具体的构造级别内的富集规律缺乏深入剖析。

第五节　煤层含气量测定方法与选区评价

一、煤层含气量测定方法

1. 直接测定法

直接法又可分集气法和解吸法，集气法因精度太低现已不用，大多采用解吸法，包括地勘解吸法和井下解吸法，该方法在 1973 年由美国矿业局提出[128]，煤炭科学研究总院抚顺分院对美国地勘解吸法进行了改进，制订了编号为 MT77—84 的煤炭工业部部标准《煤层瓦斯含量和成分测定方法(解吸法)》。

山东省煤田地质局等单位重新制订了编号为 MT77/T—84 的煤层气测定方法(解吸法)标准，测试过程是将现场取得的常规煤心，煤屑、井壁采集煤心、绳索取心、保压煤心放入已知重量的解吸罐中密封，并记录钻遇煤层的时间、取心时间和装罐时间，进行现场解吸，直至气体不再泄出，结束解吸过程后，记录解吸气量；之后在实验室将煤样粉碎，继续解吸，测定煤中残余气量；根据现场解吸记录的气量与时间的关系推算逸散气量，将三者相加即得直接法测定的煤层气含量。该方法在现今煤层气的直接测定中被广泛采用。

改进的直接法[112,129-132]，Ulery 等于 1991 年对直接法进行了改进，指出直接法测定没有考虑煤层气是一种混合气体，没有考虑解吸出的气体还可与煤发生反应而重新被吸附，以及不同气体间的相互作用等。在用改进的直接法测定时，除记录直接法应记录的数据外，还要记录每次测定时密封罐的温度、压力，且每次都要采集气样做成分分析，据此可计算每次解吸的各种气体体积，和残留在罐中的气体体积，二者之和即为该阶段总的解吸体积。

Yee 等指出，解吸量与时间的平方根不是简单的线性关系，引入扩散理论，提出了煤层气含量的计算方程。快速解吸法最早用于澳大利亚煤心含气量测试，具体方法是将煤样放在一个装有不锈钢球的解吸罐中，以便下一步破碎煤样时不再由一个解吸罐移入另一个解吸罐中，随后立即将煤样再进行解吸测试。

基于气体解吸量随时间的平方根呈指数衰减这一现象，提出了一个经验公式，根据解吸数据，利用该公式可得到解吸与逸散气量，该法又称解吸系数法。

2. 等温吸附法

等温吸附法[133-136]是将采集的煤样在实验室条件下测定煤的吸附等温线，求取吸附常数，并根据煤层实际的温度和煤层气压力，求取煤层气的吸附气量，同时根据煤的孔隙体积计算游离甲烷量，两者相加即为煤层气含量。解吸实验法是一种成本相对较低但预测结果相对粗略的方法，在有一定煤层气勘探的地区可以采用这种方法。一般适用于煤层气勘探开发的初期或提供一种概念数据，定量化程度较低。等温吸附曲线法的主要优点在于操作简便，不足之处是很难准确确定废弃压力。在煤层气勘探的最初阶段，通常结合当地的地质条件，根据经验估算废弃压力，然后由等温吸附曲线计算采收率。因此，这种由估算废弃压力而计算出的煤层气采收率具有很大的不确定性。

实验室测得煤样的吸附等温线，并在已获得原始储层压力的情况下，将吸附等温线上原始储层压力对应的吸附量视为煤层气含量，称为理论含气量。该方法是利用已知地区的吸附等温线和煤质资料，同时在已知研究区煤质资料的情况下，利用已知的煤质和煤层参数，如水分、灰分、O/C、H/C、温度、压力和吸附常数的关系，计算出任何埋深煤的干燥无灰基气体含量。用已知的吸附常数和煤质关系求出研究区的吸附等温线，用相应储层温度、压力求取含气量。

3. 油藏数值模拟法

将计算机模拟用于油藏中流体流动的描述，可以认为是物质平衡法的复杂形式。油藏数值模拟涉及地球物理学、岩石物理学、地质学和油藏工程等多门科学，一个成功的油藏数值模拟需要各个学科的共同配合。实施油藏数值模型研究的一个原因是通过模拟可以提供给产量剖面，从而进行现金流的预测。利用该方法的意义还在于能够通过对煤层气项目的动态评价、预计的项目期限、预计油气开采量的时间关系，从而可以对不同的开发方案进行比较。

气藏数值模拟法是用气藏初始性质的测定值预测未来一口"平均井"产量随时间的变化曲线，从而确定煤层气采收率。煤储层数值模拟需要大量的储层参数支持，比较适用于已进行过煤层气勘探实验，且有气井排采资料的地区。由于地质条件的复杂性，实测的储层参数与储层实际值多存在一定的差异，因此，在模拟预测时，一些储层参数需要经过历史拟合的修正才能使用。把历史拟合结果作为输入数据，根据拟定的生产制度进行产量预测，利用模拟结束时的累计气产量除以估算的原地资源量就可得到给定计算区块的煤层气采收率。对煤层气储层进行数值模拟，首先必须建立储层的数学描述；然后按照敏感性大小确定适当精度的生产制度数据对煤层气储层进行模拟；在模拟计算采收率时，还需要考虑极限产量问题，即对实际煤层气开发来讲在什么情况下应停止生产。气藏数值模拟法是一种比较理想的方法，其预测可靠性高，但预测过程相对复杂，而且需要专门的模拟软件和大量的有效生产数据，在煤层气勘探程度较高，有一定规模的生产井网的地区最合适。这种方法常用于煤层气勘探开发的中期，为煤层气产业的形成提供理论支持。

4. 物质平衡法

物质平衡法是在岩石体积和油藏参数未知的情况下，可以用物质平衡法计算油气地质储量。物质平衡法认为，油藏初始条件明确时，油藏体积为定数，在油藏内，石油、天然气和水的体积变化代数和为零。根据这一特点，物质平衡法要求的油藏压力值要精确。在应用物质平衡法时，需要的资料包括原始地层压力、连续生产期间的平均地层压力及该时间段内流体产出量。

应用物质平衡法确定采收率的前提是具有成熟的煤层气开发项目，即煤层气藏的开发已全部完成，同时对煤层气井的供气范围（垂向和平面）有准确的认识。目前，中国还没有成熟的煤层气项目，美国煤层气专家对布莱克沃里尔盆地煤层气项目的长期跟踪研究，为利用物质平衡法确定煤层气采收率提供了一个很好的实例。布莱克沃里尔盆地的橡树林煤层气项目始于 1976 年，其目的是评估利用地面垂直井技术开采煤层气的效果和采气过程对地下采煤活动的影响。煤层气井开采的目标层是宾夕法尼亚系的 Mary Lee 煤层组，煤的变质程度为中等挥发分烟煤（相当于我国的肥煤–焦煤变质阶段）。1976 年按 1000ft[①]的间距施工了 23 口垂直煤层气生产井（5×5 井的正方形井网，南部边界少 2 口井）。在上述生产数据和综合分析结果的基础上，根据物质平衡的原理计算结果，在 20 年的煤层气开采期间，井网内部范围的煤层气采收率为 90%，井网外围地带的煤层气采收率为 38%。

二、煤层气富集区预测理论与方法

煤层气的富集条件、富集的主控因素、主控因素与其他因素之间的关系不明

---

① 1ft = 0.3048m。

确，产生这些问题的主要原因是现有的预测缺乏有序的预测步骤和定量化方法，更深层次的原因在于未能从不同的分级尺度上，研究各级别的煤层气富集机制，各分级尺度之间缺乏有效的过渡与衔接，导致不能明确判断各级构造煤层气富集规律及富集机制和主控因素之间的本质关系；由于没有明确的划分研究级别，并在各级别内未能有序地深入研究富集规律，导致研究目标不明确，研究内容零乱，难以形成明晰的研究步骤，并最终导致富集区预测方法的可移植性较差。现有的煤层气富集区预测方法仍然存在定性描述、预测精度过于粗泛、预测结果不能定量展示富集区精确位置和量值大小的缺陷。

富集区定性描述预测方法适用于富气区及其以上大区勘探，但随着开发精度的要求不断提高，研究的精细化程度不断升级，富集区准确位置和富集量值大小的准确预测日益被提上日程，套用原有的大区定性勘探方法预测富集区精确位置和富集程度量值大小，难以取得令人满意的结果。由于定性方法难以获得准确的、更高精度的富集位置和量值，由此难以识别引起的富集主控因素和富集机制。

三、煤层气高渗透区预测理论方法

进入 21 世纪以来，煤层气的抽采重新得到高度重视，煤炭、石油、天然气、地质及其他领域的研究者相继投入巨大力量对其研究，以期获得工业气流，但到目前为止，即使在已经探明的煤层气高富集区，仍然难以取得令人满意的排采效果，关键原因在于我国高煤阶煤的低渗透性特征，这一特征已成为制约我国煤层气采出的瓶颈问题。在现有技术改造煤储层渗透性有限的情况下，研究者们将目光转而投向寻找具有先天优势的高渗区。

现有的高渗透区预测也存在定性描述的缺陷，预测方法多注重通过煤岩孔隙性的测定来定性描述渗透性，仅能了解渗透能力的相对好坏，而不能获得渗透率的量值大小和空间展布，同时测试样品多取自局部地点，且在卸压后测试孔隙性，渗透性的描述难具代表性。

目前，现有储层渗透性预测方法理论多集中在影响储层渗透性的内部因素方面，而对应力、温度等外部影响因素关注较少，如何二者兼顾，既能反映储层孔隙结构对渗透率的影响，又能反映渗透率对外部温压条件的敏感性，并且能准确定量获得煤层真实渗透率的量值大小和空间展布形态，以达到真正预测煤层气高渗透区，是众多研究者最关心的问题，但到目前为止，这一问题尚未取得很好地解决。

四、储量预测方法

煤层气储量的大小、分布是煤层气勘探选区的主要内容之一，也是煤层气开发前进行经济预算，投资决策的重要依据。目前的储量计算大多通过煤炭储量与平均含气量相乘的方法得出，这在大区煤层气储量计算时较为适用，而对于富气区以下的储量计算则难以获得更高的精度，如按此方法计算的矿区范围的煤层气储量则与实际相差甚远，这给开发方式的选择、投资决策带来巨大影响。

如何准确地表现二者的非均质性，并采用特殊的计算方法以求取更高精度的煤层气储量是众多研究者普遍面临的难题。

五、煤层气综合选区评价

由于煤层气赋存的地质条件极为复杂，煤层气的开发受煤生气能力、储集能力、保存条件、运移能力、含气性、技术可采性、经济可采性等诸多条件的制约，几大条件之下又分许多分支影响因素。众多条件错综复杂又互相影响，且影响因素的各项指标大小在各区块间存在较大差异，而同一区块内评价指标又存在不相容性，例如，渗透性好的区块有时保存条件较差，而煤层气富集的区块往往渗透性又极差，如何在错综复杂的关系中优选出最有利的开发区块，便是综合选区的目的。

现有的评价方法通常是面面俱到，参与评价的指标众多，未能从煤层气富集规律方面选出敏感性指标对其进行评价，同时，现有的选区评价方法较适合大区评价。事实上，综合选区评价应根据评价的地质级别来进行，而目前的大区评价方法对于更小范围的区域则明显不适用。另外，尽管现有的评价方法较多，但均未能考虑指标的不相容性，这就需要选择更科学的评价体系。

在评价过程中，评价指标权重的确定是一个难点，由于现有评价方法未能充分比较各项指标的敏感性，使得指标的权重确定存在较大随意性，例如，大多采用专家打分法来确定权重，但事实上，由于煤层气地质的复杂性和随机性，即使是从事多年研究的专家对不熟悉的特定区块也难以确定出较为理想的权重，并存在较大的主观随意性。因此，如何根据煤层气的赋存规律，合理地选择评价指标，采用更有效的计算方法，以建立更科学的评价体系进行选区评价，就显得尤为必要。

类比法类比法是利用若干已开发结束或临近结束的煤层气藏数据的计算和统计分析，有条件地确定所研究的煤层气藏的采收率。其应用条件是：类比气藏和被类比气藏在地质参数、储层性能、开发及增产方式、井距、操作等方面相似或基本相似：由于不同煤层气藏的地质条件千差万别，而且开发的技术、手段及经济条件等都不尽相同，因此，应用该方法确定煤层气采收率时应持谨慎态度。在常规油气工业界，采用公认的采收率标定值进行类比，如美国石油学会（API）公布的 312 个油藏的各项参数和采收率数值及中国石油天然气股份有限公司（以下简称中石油）提出的计算不同驱动类型油气藏采收率的经验公式（但目前，中国还没有进行了长时间开采的煤层气藏，不具备经验数值；美国已开发结束的煤层气藏也十分稀少，故上述橡树林示范项目实为一个不可多得的实例）。

第二章 世界煤层气资源开发现状

第一节 世界煤层气资源现状

随着全球经济的快速发展，各国对能源的需求持续高涨，特别是发展中国家，现有资源难以满足经济的快速增长的需要，能源供需矛盾十分突出。利用煤层气资源，降低煤炭比重，优化能源结构，促进资源可持续性利用，获取清洁能源的需求迫在眉睫。

研究开发利用煤层气能够保护生态环境并且降低污染。出于全球气候和环境的考虑，全球范围内对优质、洁净、环保的能源需求也日趋紧张。煤层气是一种仅次于 CO_2 的第二大温室气体。研究煤层气的开发和利用，选择有利区域采抽煤层气资源，是降低甲烷温室效应，保护生态环境的有效途径[4]。

人们认识煤层气始于多年来煤层瓦斯引起的矿井灾害。为减少瓦斯灾害而进行抽放利用，治理瓦斯灾害，有效降低瓦斯灾害事故是前期必需的工作。瓦斯事故是煤矿四大事故之首，高瓦斯含量不仅严重限制了矿井的生产能力，还严重威胁矿工的生命安全，因此，要加强对煤层气的勘探与开发研究。

煤层气曾称煤层瓦斯，主要成分为甲烷，甲烷含量一般可达到90%以上，发热量一般是 33.44kJ/m^3，相当于 1t 标准煤，是一种优质、洁净、高效的能源[5]。煤在其形成演化过程中经生物化学和热解作用所生成，并储集在煤层内的天然气，它主要以吸附状态赋存于煤基质表面。我国拥有丰富的煤炭资源，煤层气资源也很丰富。据测算，煤层埋深1500m以浅的煤层气资源量约有 27 万亿 m^3，是可观的能源后备资源。在我国的沁水盆地南部产贫煤、无烟煤的晋城地区发现了煤层气藏。

研究煤层气的开发与利用具有以下几个方面的意义：①煤层气是一种优质洁净的气体能源，能够解决常规能源的紧缺，优化能源结构，缓解能源短缺；②有效开发煤层气能够变害为利，提高改善煤炭安全生产，是治理瓦斯灾害的根本途径之一；③利用煤层气资源可以降低甲烷温室效应，保护气候和自然生态环境，为实现经济可持续发展具有战略意义。

目前，国外开展煤层气勘探开发的主要有美国、澳大利亚、加拿大、波兰、捷克、俄罗斯、乌克兰、比利时、英国、印度、法国、匈牙利、西班牙等国家，其中美国已在多个盆地投入大规模开发，并形成工业产能。

美国拥有11万亿 m^3 的煤层气资源，主要分布于 13 个盆地。按照含煤层位和煤层气地质条件，可分为两种类型，即东部地区型和西部地区型。东部地区型，拥有美国煤层气资源的 30%，主要有黑勇士（Black Warrior）、北阿巴拉契亚（Northern Appalachian）、中阿巴拉契亚（Central Appalachian）、伊利诺斯（Illinois）、阿科马（Arkoma）盆地，煤层气主要产自宾夕法尼亚系横向连续性好的多套薄煤层，埋深一般浅于 1000m，煤阶为气肥煤，储层压力呈正常或低压状态。美国西部地区型，拥有煤层气资源的 70%，主要有圣胡安（San Juan）、皮申斯（Piceance）、大绿河（Greater Green River）、粉河（Powder River）、拉顿（Raton）、西华盛顿（Western Washington）、风河（Wind River）、尤因塔（Uinta）盆地。煤层气主要产自白垩系横向连续性较好的单个或多个煤层中，单煤层厚度一般大于 3m，并常与砂岩透镜体和页岩呈互层状，煤层埋深一般浅于 1500m，煤阶为褐煤、气肥煤，储层压力为超压到低压。

早期煤层气是煤矿业的副产品，主要目的是保证采矿的安全。随着常规油气勘探难度的增加及美国煤层气的成功开发，促使国际大型油公司开发煤层气。煤层气洁净、热值高、优质、安全，开发利用前景广阔，在全世界范围内有着巨大的发展潜力，可替代其他正在减少的常规能源。美国地质调查局（USGS）突出强调连续气藏是受水柱影响不强烈的气藏，气体富集与水对气体的浮力无直接关系，并且不是由下倾方向气水界面圈定的离散的、可数的气田群组成（深盆气、页岩气、致密砂岩气、煤层气、浅层砂岩生物气和天然气水合物为非常规天然气，统称为连续型气。煤层气在开采过程中会产生大量的水。随着各国对环保要求的增高，水处理的方式和费用增加了煤层气的开发风险。

从美国煤层气勘探开发规模来看，中煤阶区是其主要勘探领域，圣胡安、黑勇士、阿巴拉契亚、拉顿这四个中煤阶含煤盆地的煤层气产量构成了美国煤层气产量的主体，占全美煤层气产量的98%以上。20 世纪 90 年代后期，尤因塔、粉河这两个低煤阶含煤盆地煤层气勘探的突破，使美国煤层气进入一个新的产量快速增长期。另一方面，日臻完善的煤层气勘探开发工艺技术为美国煤层气勘探的发展提供了强大的动力。

煤层气工业起源于美国，以美国为代表来介绍世界煤层气勘探开发历史，其发展历史实际上就是成藏理论与勘探开发技术进步不断推动煤层气产业发展的科技创新史。从技术发展角度把美国煤层气产业划分为四个阶段。

（1）理论认识指导煤层气实验开发阶段（1975～1980 年）。通过实施全国煤层气资源调查和国家煤层气勘探开发计划，在理论与技术上都有重大突破，形成并完善了"解吸—扩散—渗流"理论和"排水—降压—采气"生产流程，使两个煤层气田（圣胡安和黑勇士盆地）投入实验开发阶段。

（2）成藏优势及井间干扰理论推动煤层气商业开发阶段（1981～1988 年）。通过理论研究和圣胡安盆地、黑勇士盆地的实践，得到了中阶煤生储能力优势与成藏优势理论和井间干扰理论，形成了井网排采大幅提高单井产能的理论及方法。完善了煤层气评价采用的煤阶、含气量、渗透性、水动力条件、构造背景、沉积体系六大基本指标，取得了煤层气产量的突破。于 1980 年形成煤层气商业性生产规模，1988 年年产突破 10 亿 m^3 大关。

(3)勘探开发实用技术应用阶段(1989~2003 年)。该时期形成了不同盆地、不同地区不同的理论与开发技术，圣胡安盆地以裸眼洞穴法完井为主；黑勇士盆地、拉顿盆地等以套管完井加压裂为主；粉河盆地以钻井-洗井技术为主；阿巴拉契亚盆地采用羽状水平井技术。这些技术的核心是最大限度地保护储层，降低伤害。

(4)平稳发展阶段(2004 年至今)。该阶段技术特点为：发展相对成熟，没有新的突破，勘探开发设备完善，煤层气产量一直保持平稳。

近年来，美国、加拿大、澳大利亚的煤层气产业发展迅速。其中，20 世纪 70 年代，美国通过地面钻孔的方式，第一次将煤层气作为资源开采，是世界上煤层气商业化开发最成功的国家，迄今为止煤层气产量位居全球第一。

加拿大一些研究机构，根据该国以低变质煤为主的特点，开展了一系列技术研究工作，在多分支水平井、连续油管压裂等技术方面取得了突出进展，有效降低了煤层气开采成本。澳大利亚的煤层气勘探开发以井下定向井开发为主，借助比较发达的天然气管网系统，产量增长较快，煤层气产量已经成为天然气产量的重要组成部分。

美国政府采取税制优惠政策，鼓励煤层气开发，从而推动了煤层气的理论研究和开发实验，并于 20 世纪 80 年代初取得重大突破，90 年代已经形成一个新兴产业，成为第一个实现大规模商业性开发的国家，有力证实了煤层气资源的巨大价值与潜力。据公开报道，煤层气的采收率为 30%~60%，最高可达 80%。美国研究开发出一套适合煤层气勘探开发的工艺技术，为经济有效地开发煤层气起到了巨大的促进作用。

美国进行煤层气的勘探和开发，是通过现场和实验室工作的紧密配合，首先形成了关于煤层气产出"排水—降压—解吸—扩散—渗流"过程的认识突破，率先建立了中阶煤煤层气成藏与开发的系统理论，在该指导下，形成了以沉积、构造、煤化作用、含气性及渗透率为考查主体的煤层气评价及开发模式，成功建成了以圣胡安和黑勇士盆地为中心的煤层气产业基地，迅速形成产业化规模，现已钻探煤层气井 82000 多口，成为重要的能源资源。

加拿大煤层气开发与勘探工作始于 1976 年。加拿大煤层气资源主要集中在加拿大西部沉积盆地阿尔伯塔省，另外还与不列颠哥伦比亚省，其勘探开发活动也主要集中在西部盆地的马蹄谷组和曼维尔组煤层。加拿大主要在曼维尔组钻探水平井，包括多分支和单支水平井，其他的为垂直井。

加拿大政府一直支持煤层气的发展，一些研究机构根据本国以低变质煤为主的特点，开展了一系列的技术研究工作，特别在多分支水平羽状井、连续油管压裂等技术方面取得重大进展，有效降低了煤层气开采成本。2002～2003 年，增加了 1000 口左右的煤层气生产井，煤层气年产量达到 5.1 亿 m^3，煤层气生产井的单井日产量为 3000～7000m^3。加拿大规划到 2020 年达到 280 亿～390 亿 m^3，煤层气产量将占天然气产量的 15%左右，形成与美国规模相近的煤层气产业。

澳大利亚是世界第四大煤炭生产国和世界上最大的煤炭输出国，除优质的煤炭资源外，澳大利亚拥有世界先进的煤炭生产技术装备和较高的生产效率。澳大利亚的煤炭资源量为 1.7 万亿 t，煤层平均含气量为 0.8～16.8m^3/t，煤层埋深普遍小于 1000m，渗透率多为 1～10mD，煤层气资源量为 8.4 万亿～14 万亿 m^3，主要分布在东部悉尼、鲍恩和苏拉特三个含煤区，属低灰、低硫、高发热量的优质煤，灰分的质量分数为 6%～17%，硫的质量分数为 0.3%～0.8%。

澳大利亚煤层气勘探始于 1976 年，20 世纪末以来，由于充分吸收美国煤层气资源评价和勘探、测试方面的成功经验，针对该国煤层含气量高、含水饱和度变化大、原地应力高等地质特点，进行了特色技术的研发，成功开发和应用了水平井高压水射流改造技术，将煤矿井下抽放技术应用到地面开发中，形成了独特的 U 形井技术。

印度政府鼓励开发商开发若干有潜力的区块，特别是在地质条件类似于美国的煤层气产地，印度政府给予国内外煤层气开发投资者优惠的鼓励政策。例如，从商业化生产之日起，七年免税；只征收很低的矿区使用费；免交煤层气开发需要的进口材料和设备关税；煤层气气价实行市场价格，政府不干预。

为鼓励煤层气的开发和利用，英国和波兰政府同样制定了相应的鼓励政策，按照英国的《企业投资管理办法》，开采煤层气可以享受税收优惠政策，投资者的投资可以通过减免所得税或资本红利税而得以回收。波兰政府给予从事石油、天然气及煤层气勘探的企业十年免税，吸引国内外投资。俄罗斯和乌克兰正在制定一些税收优惠政策和管理法规，鼓励外国公司投资开发煤层气。

上述国家矿井煤层气抽放和利用已有多年历史，生产的煤层气主要用作锅炉燃气或供给建在矿区的煤层气电站，少量民用。目前正积极开发和应用煤层气发电新技术。

我国煤层气资源的开发利用从 20 世纪 50 年代开始，对煤层气资源的重视和产业化的规划生产利用，是最近二十多年才开始的。20 世纪 90 年代初，我国煤炭、地矿、石油系统和部分地方单位，受国外煤层气勘探的启示，相继进入煤层气勘探领域，许多国外公司也纷纷介入，煤层气勘探日渐活跃。90 年代，煤矿井下瓦斯抽放工作普遍在高瓦斯大型煤矿开展，成了多种抽放方式，抽放技术也得到快速发展。

　　为促进我国煤层气产业的发展,中国政府与联合国开发计划署签署了资助"中国煤气资源开发"的项目。通过该项目的运作,引起了国家高层领导人对煤层气开发的重视,为煤层气工业的突破性进展奠定了基础,而且促进了国际组织、金融机构和外国公司对中国开发煤层气项目的重视。

　　为吸收国外资金、技术和先进经验,加速发展我国煤层气产业,组建中联煤层气股份有限公司(以下简称中联煤层气),享有对外合作开采煤层气资源的专营权。中联煤层气共与 10 家外国公司签订了 21 份煤层气产品分成合同,正在执行的合同 19 份,累计完成钻井 234 口,累计引进外资 1.5 亿美元。

　　20 世纪 90 年代,国土资源部为扶持煤层气的开发利用,与辽宁省国土资源厅和阜新市政府共同努力,在辽宁省阜新市刘家矿区开展了采前预抽煤层气的试点工作。2000 年 3 月,形成了小井网供气格局,日产煤层气 2 万 m³,井口煤层含量达 97%。按 1:3 混气后向阜新市供气,解决了阜新市 1/3 城市居民的日常生活用气,成为我国煤层气商业性开发利用的典范,为我国大规模地面开发利用煤层气积累了经验。截至 2002 年,钻探煤层气井已有 210 多口,取得了一批煤储层测试参数和部分气井排采资料。经过 60 余年探索,我国井下煤层气抽采技术已经形成体系。并在高瓦斯矿井全面应用,阳泉、淮南、水城、盘江、松藻、晋城、抚顺七个矿区,年抽采瓦斯量均超过 10 亿 m³;地面钻井开采煤层气通过示范工程建设,已进入商业化开发阶段[16]。

　　2013 年,西方国家的企业看好中国的煤层气开发前景,逐步将技术和资金引入中国。目前已有 16 家外国企业进入中国煤层气开发领域,与中国企业签订了 27 份煤层气产品分成合同,总投入已达 1.8 亿美元,输气能力 573 亿 m³。但是与发达国家相比,中国目前煤层气开发水平仍然较低,开发程度远不及美国、加拿大、澳大利亚等国家。我国煤层气资源丰富,资源总量约 30 万亿~36 万亿 m³,居世界第三。全国非常规油气资源成果评审报告显示,含量大于 0.5 万亿 m³ 的含煤层气盆地(群)共有 13 个,其中含气量在 0.5 万亿~1 万亿 m³ 的有川南黔北、豫西、川渝、三塘湖、徐淮等盆地,含气量大于 1 万亿 m³ 的有鄂尔多斯盆地东缘、沁水盆地、准噶尔盆地、二连盆地、吐哈盆地、塔里木盆地、天山盆地群、海拉尔盆地等,另外,还有淮北煤田、辽宁铁法、抚顺、沈北矿区、河北开滦、大城、峰峰矿区,陕西韩城矿区,河南安阳、焦作、平顶山、荥巩煤田,江西丰城矿区、湖南涟邵、白沙矿区,新疆吐哈盆地等地区,开展了煤层气勘探和开发实验工作。中国主要含煤层气的盆地(群)共有 13 个,各个盆地(群)地质资源量和可采资源量对比,如图 2-1 所示。

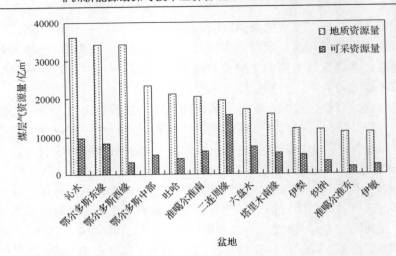

图 2-1　中国主要含煤层气盆地

国家能源局研究制定了煤层气勘探开发利用管理办法，加大煤层气抽采利用力度，目标是煤层气抽采量达 180 亿 m^3，利用量达 85 亿 m^3，实现翻一番。在国家能源局发布的《煤层气（煤矿瓦斯）开发利用"十二五"规划》中明确提出，2015 年，煤层气（煤矿瓦斯）产量达到 300 亿 m^3，其中地面开发 160 亿 m^3，新增煤层气探明地质储量 1 万亿 m^3，建成沁水盆地、鄂尔多斯盆地东缘两大煤层气产业化基地。2013 年煤层气（煤矿瓦斯）抽采量为 156 亿 m^3，利用量为 66 亿 m^3，同比分别增长 10.6% 和 13.8%。其中，井下瓦斯抽采量为 126 亿 m^3、利用量为 43 亿 m^3，同比分别增长 10.5%、13.2%；地面煤层气产量为 30 亿 m^3、利用量为 23 亿 m^3，同比分别增长 11.1%、15%。

总体来说，勘探开发实验还没有取得商业化成效，其主要原因是至今没有形成和建立适合我国复杂地质条件下，煤储层特征的有效勘探和开发技术。我国煤层气地质构造复杂，部分含煤盆地后期改造较强，构造形态多样，煤层及煤层气资源赋存条件在鄂尔多斯等大中型盆地较为简单，在中小盆地较为复杂[20,21]。

我国的煤层气资源丰富。东北区：海拉尔盆地、松辽盆地煤层厚度较大、煤层气封盖条件较好，有利于煤层气开发。中部区：四川盆地、吕梁山以西的鄂尔多斯盆地东缘及吕梁山与太行山之间的山西断隆（包括沁水盆地）。西部区：塔里木盆地、准噶尔及柴达木盆地等煤层气开发条件较好。南方区：煤层气资源开发条件较复杂。

从能源需求角度考虑，21 世纪我国能源状况将十分严峻，优质能源供需矛盾将加速激化，燃煤造成的环境压力也要求煤炭占绝对优势比例的能源结构必须得到改善。开发利用我国丰富的煤层气资源，不仅能够有效地增加高效洁净能源的供给，直接减少煤矿甲烷排放量以有效缓解温室效应，同时有望从根本上遏止矿井瓦斯灾害以改善煤矿安全生产条件。

迄今为止，我国天然气供需缺口达 300 亿 m^3，而成分热值与常规天然气相似的煤层气自然是其重要补充，我国未来十年中的煤层气年产量达到美国 20 世纪末的开采水平，将有效缓解天然气供需缺口对国民经济可持续发展制约的瓶颈问题。因此，煤层气作为一个资源丰富的独立能源新矿种，其开发利用将促进我国煤层气产业的形成与发展。

我国煤层气储层压力以欠压煤储层为主，部分煤储层压力较高，储层压力梯度最低为 2.24kPa/m，最高达 17.28kPa/m。我国煤层渗透率较低，平均在 0.002～16.17mD，其中渗透率小于 0.10mD 的占 35%；0.10～1.0mD 的占 37%；大于 1.0mD 的占 28%；大于 10mD 的较少。

煤层气开采一般有两种方式：一是地面钻井开采；二是井下瓦斯抽放系统抽出。地面钻井开采方式，国外已经使用，由于我国有些煤层透气性较差，地面开采具有一定困难。尽管我国在煤层气勘探开发方面进行了艰苦努力，并已取得初步成效，但是，由于我国煤层气藏普遍具有低压、低渗透、低饱和及高吸附性的特点，造成其开采难度大，研究煤层气开采方法及规律，提高煤层气开采的回收量和回收率，成为我国煤层气开采的关键问题，目前存在的主要问题如下。

(1)我国煤盆地形成演化历史复杂，盆地原形及构造样式多变，煤的多阶段演化和多热源叠加变质作用明显，煤层气勘探目标极不明确，针对煤层气成藏条件和分布规律研究不够深入，高产富集区域预测不准，需要建立反映我国特殊地质条件的煤层气成藏理论体系。

(2)我国煤储层煤层气流动机制、富集规律和开采机理，是多年来学者研究的重点，但是效果不明显，因此，开展我国的煤层气流动机制、富集规律和开采机理的研究势在必行。

(3)煤层气勘探和生产具有很大的地质风险性和经济风险性，我国煤层气刚刚起步，抗风险能力很低，期待建立符合我国地质条件的煤层气有效资源潜力评价和开发系统决策体系。

(4)煤层气产量、储量要进行有效的预测及开发计划优化，包括可采储量的多少、采收率的高低、开采时限的长短、数据挖掘技术的研究及应用等，均是急需解决的问题。

第二节　非洲煤资源开发现状

非洲煤炭资源相对集中，主要分布在南非，其次分布在斯威士兰、坦桑尼亚、莫桑比克、尼日利亚、刚果(金)等国。此外，在阿尔及利亚、博茨瓦纳、中非共和国、埃及、马拉维、尼日尔等国也有少量分布。根据世界能源理事会(WEC)统计数据，非洲煤炭探明储量为 32013 亿 t，占世界的 3.88%。探明储量增加的国家有位于北非的阿尔及利亚和位于西非的尼日利亚，探明储量分别增加了 48%和 110%，但总量都不大，分别为 0.59 亿 t 和 1.9 亿 t。非洲探明煤炭储量基本是烟煤，包括无烟煤，占到非洲探明储量的 99.46%，而亚烟煤和褐煤很少。亚烟煤探明储量主要是尼日利亚 6900 万 t 和马拉维 200 万 t，而褐煤则全部在中菲共和国，为300 万 t。

　　南非为非洲第一大煤炭资源国，但其开采时间长，已开采煤炭总量比较大，所以煤炭总探明储量不断下降，从而导致非洲总探明储量也呈大幅下降。南非煤炭总探明储量为 304 亿 t，占非洲总探明储量的 95%。非洲其余总探明储量超亿吨的国家有莫桑比克、斯威士兰和坦桑尼亚，分别为 2.12 亿 t、2.08 亿 t 和 2 亿 t。南非是非洲重要的煤炭生产国，产量逐年递增，位居非洲煤炭产量第二位，其他国家产量均很小，都没有超过百万吨。其中，北非由于本身储量少，开采时间长，煤炭生产已经极度萎缩。

　　南非煤炭资源集中在东部地区，南非全国共有 19 个煤田，都位于南非东北部，其中 70%的产量都集中在海维尔德(Highveld)、瓦特贝赫(Waterberg)和威特班克(Witbank)三个煤田。其中，威特班克和海维尔德煤田占重要地位，南非的出口煤大部分来自这两个煤田，其开采历史已有 1 个多世纪。与莫桑比克和斯威士兰接壤的普玛与莫桑比克和斯威土兰接壤的普玛兰加省煤炭产量占南非煤炭总产量的83%，其次为中部的奥兰治自由邦和东部的夸祖鲁-纳塔尔省(KwaZulu-Natal)。

　　南非煤田在地质区块全部位于卡鲁煤盆地(Karroo) 内。煤层赋存在二叠纪、三叠纪卡鲁含煤岩系中，经济可采煤层大部分见于下二叠统弗雷德组，个别出现在三叠系。卡鲁含煤岩系呈北东-南西向延伸，在卡鲁盆地南缘沉积最厚，可达8000~10000m，往北变薄，在西开普省以北迅速减薄至 750~1000m，到北部边缘甚至尖灭。南非的煤炭储量主要为烟煤，灰分较高(约 45%)。硫分低(约 10%)，低挥发分，少部分为炼焦煤、配焦煤和无烟煤。南非煤炭生产量一直稳步上升。煤炭是南非的主要能源，每年消耗电煤量占世界的 36%。南非煤矿约 46.5%是地下开采，约 53.5%是露天开采。煤炭开采业是高度集中，四家公司占据了 85%的煤炭产量。

　　南非煤炭探明可采储量位于非洲第二位。根据世界能源理事会(WEC)和美国EIA 数据，南非煤炭探明储量为 5.02 亿 t，占非洲可采储量的 1.57%。非洲煤炭蕴藏量约 270 亿 t，其中优质炼焦煤 3.5 亿 t，数量比较大的非洲煤炭产地有北马塔贝莱兰省(Matabeleland North)的旺吉(Hwange)、赞比西河谷和非洲东南部地区。其中旺吉煤田是最重要产地，其是卡鲁盆地系统的一部分，哈巴矿(Chaba Mine)是旺吉煤田最大的露天矿，可采储量在 9000 万 t。

东非地区的能源消费状况与世界其他地区有着很大不同，为了更清晰地认识这种区别，考查坦桑尼亚的能源消费作为东非各国能源消费一般情况的代表。生物质能源在工业、农业和其他非家庭部门也有使用，因此其消费量大于家庭用能消费，坦桑尼亚所有部门的生物质能源消费总和达到能源总消费的 93.6%。虽然政府对其他类型能源投入了大量资金促进其发展，但能源总消费中占极少部分，这同时也说明坦桑尼亚工业建设和交通系统仍处于很低的水平。

发展中国家尤其是撒哈拉以南非洲地区对生物质燃料的大量消费，与工业化国家在之前对煤炭大量消耗的情形非常相似。如果不将南非考虑在内，生物质能源在非洲中东部地区能源结构中的平均贡献度可高达 80%。对主要包括煤炭在内的固体燃料的消费大多来自南非。为了更好地理解这一点，十分有必要考虑全球能源消费结构并将其发展中国家的典型能源消费结构加以比较，撒哈拉以南非洲地区蕴涵着多种能源资源，包括主要分布于尼日利亚、安拉、南苏丹共和国等中西部地区的石油储量，南非的大量煤炭资源，一些国家也富含天然气，埃塞俄比亚和肯尼亚还具有丰富的地热资源。坦桑尼亚拥有天然气和煤炭储量，乌干达和肯尼亚都缺乏这两种资源，但由于化石能源对坦桑尼亚所起到的作用，其能源消费模式与乌干达和肯尼亚仍具可比性，但肯尼亚的工业、农业部门相对发达，对这两个部门的能源投入也相对较多。

东非地区普遍对能源的高度依赖说明政府并未对能源开发给予足够的重视，这也许是该地区发展速度缓慢的原因之一。由于燃料的持续使用会对土壤肥力及环境造成不利影响。因此，除政府外，这一现象也应得到工作者的高度重视。由于东非地区缺乏石油、天然气等资源，这两种能源的使用只能依赖进口，而在目前阶段东非地区经济发展的不确定性较大，进口所需的外汇储备不足，那么是否具有可行的其他可替代能源呢？

第三节　中国煤层气勘探实例

一、鄂尔多斯盆地煤层气案例

延川南区块位于鄂尔多斯盆地东南缘渭北隆起和晋西挠褶带交汇处，以黄河为界分为山西省和陕西省两部分。区块东西长 33.18km，南北宽 22km，面积 701.4km²。历年来煤炭地质勘查工作主要集中在区块东南部，煤田普查、详查钻孔共计 300 余口，其中 30 余口钻孔进行了瓦斯测试工作。

构造带围绕突破井开展井组面积降压实验，部署了探井九口，落实煤层展布、厚度和含气量。其中，在万宝山构造带部署三口探井，延 6 井获得 2000m³/d 以上稳定工业气流，延 3 井获得 1000m³/d 以上稳定工业气流，万宝山构造带实现了突破。2011 年进行大井组开发实验，形成延 1 大井组，根据实际钻遇煤层气地质参数及单井排采评价效果,明确延川南煤层气田开发主要目的层为山西组 2 号煤层,提交煤层气探明地质储量。

1. 地层及构造特征

地层区块主要含煤地层为上石炭系统太原组和下二叠统山西组。上石炭统太原组,厚度为 35～65m,一般为 45m,与下覆本溪组呈整合接触。该组含煤 4～8 层。其中 10 号煤层为主要可采煤层之一,平均厚度为 2m 左右。下部岩性以深灰色、灰黑色含铝质泥岩为主,夹薄层粉砂岩,底部为灰白色中-细粒石英砂岩。上部岩性主要为深灰色砂质泥岩、细砂岩,含煤 1～2 层。

下二叠统山西组与下伏太原组呈整合接触,含煤平均厚度 40m。构造特征延川南区块总体形态为一简单的单斜,具有结构简单、构造平缓、断裂少、活动微弱、构造稳定的特点。断裂特征:发育四条二级断层,中部发育两条东向断层。断层发育主要特征:断层走向为北东向;断层断距小,延伸短;共发育欠小断层近 40 条,平面分布在背斜翼部和缓坡构造上,断层在剖面上均未出露地表,大部分断层自中奥陶统峰峰组至上二叠统石千峰组,继承性发育。

根据构造特征,延川南区块可划分为四个二级构造单元:王家岭构造带、谭坪构造带、中部断裂带和万宝山构造带。谭坪构造带可划分为西柏沟缓坡带、白额祁力宝山构造带。

2. 煤层发育及煤岩煤质特征

山西组 2 号煤层为全区稳定可采煤层,煤层整体上横向分布稳定且连续,煤层埋深从东南向西北方向逐渐增大,四钻井揭示谭坪构造带煤层埋深为 876.5～931.9m,万宝山构造带煤层处于煤层气勘探开发的有利深度范围。太原组 10 号煤层埋深为 902～1542m,煤层厚度为 5.0m 左右。地震时间剖面上,2 号煤层全区反射波可连续追踪,煤层厚度为 3～8m,分布稳定且连续。在谭坪构造带延 1 井—延 5 井区,煤厚 5～5.5m,万宝山构造带延 3 井、延 6 井区煤厚 4.5～5m。煤层厚度呈东南厚,向北部及西部减薄,厚度变化趋势煤层沉积微相的展布规律基本一致。太原组 10 号煤层厚度为 1.4～3.5m,平均厚度为 2.5m。煤体结构简单。延川南区块山西组 2 号煤层多为块状碎裂煤,一般含 1～2 层夹矸。平面上向北煤层分叉,夹矸增加,煤体结构变差,东北部延 2 井、延 7 井和延 12 井煤层发育碎粒煤、糜棱煤。谭坪构造带主要发育两层夹矸,万宝山构造带主要发育一层夹矸。

2 号煤层镜质组含量为 39.7%～81.6%,平均值为 73.85%;10 号煤层镜质组含量为 46.4%～81.3%,平均值为 69.47%。较高的镜质组含量有利于煤岩具有很高的生气潜力,煤岩演化程度较高,为高阶煤。2 号煤层镜质体反射率为 1.88%～2.56%,为瘦煤-无烟煤,由东南向西北随埋深加大而煤层增厚,为贫煤-无烟煤。

2 号煤灰分含量为 8.58%～27.15%，平均值为 16.47%，属低-中灰煤；10 号煤灰分含量为 9.46%～19.97%，平均值为 15.11%。2 号煤挥发分含量为 7.22%～20.36%，平均值为 10.48%；10 号煤挥发分含量为 7.02%～16.87%，平均值为 10.34%，具有低挥发分特点。2 号煤和 10 号煤水分含量均小于 2%，属低-中灰分煤层、低挥发分煤层，低含水煤层有利于煤层气储集空间的发育。

3. 煤储层特征

宏观煤岩成分以亮煤为主，夹少量镜煤和暗煤，偶见丝炭薄层，玻璃光泽到强玻璃光泽，割理和裂隙一般较发育，脆性大，易破碎，断口呈参差状，裂隙有时被方解石充填。平面上，2 号煤层裂隙面密度由南东向北西向总体上明显增大，在延 1 井、延 3 井区存在局部高值区，表明割理密度的展布与构造相关，背斜翼部割理最为发育，宽缓地带割理相对偏低。延 1 井区割理密度最大。整体上来说裂隙较为发育，有利于煤层气渗流。

2 号煤层孔隙度为 1.3%～4.6%，平均为 3.3%；10 号煤层孔隙度为 2.6%～4.3%，两层煤均属低孔隙度致密储层，孔隙度的展布特征与上覆岩层的压力有直接关系，孔隙度最有利的区域位于谭坪构造带、万宝山构造带，随着深度增加，孔隙度逐渐变小。前期勘探研究过程中，对区内 17 口参数井的 2 号煤层进行了注入、压降测试，综合渗透率与埋深的关系，结合室内物性特征分析结果，对区内储层渗透率进行了校正，区内渗透特征表现为：渗透率随埋深增大而降低，但在区范围内煤储层整体渗透率随深度增加而降低的程度不大。

分析认为，东西两个单元显示出不同的压力系统。东部谭坪构造带 2 号煤储层地层压力系数为 0.400～0.477，为欠压地层；西部万宝山构造带地层压力系数为 0.761～0.870，接近正常压力。区块 2 号煤层最小主应力，小于 20MPa，属于相对低应力区，利于煤层渗透性发育。

4. 煤层含气性

山西组 2 号煤层含气量较高，黄河以东已钻 24 口参数井，实测含气量为 8～48m³/t，属于中-高含气量地区。区块中部存在延 1 井-延 5 井区、延 3 井-延 6 井区两个煤层气富集区。西部延 3 井煤层含气量最高可达 20.48m³/t，属于中-高含气量地区；东部延 1 井和延 5 井区煤层含气量最高达 16m³/t 左右，位于谭坪缓坡带附近。东北部延 7 井由于煤体结构变差，出现碎粒煤，对含气量具有一定影响，含气量变小。10 号煤层含气量整体偏低。

实验测得延川南区块所取煤样煤层朗缪尔体积普遍较大，这反映了煤层吸附能力较强，2 号煤层朗缪尔体积为 31.86～46.51m³/t，平均为 35.02m³/t，朗缪尔压力为 1.8～4.42MPa，10 号煤层朗缪尔体积为 33.43～41.32m³/t，平均为 35.14m³/t。

根据等温吸附实验结果计算煤样的甲烷吸附饱和度相对较低。2 号煤层排采获得的解吸压力为 2.77～6.97MPa，普遍高于根据等温吸附实验求得的临界解吸压力。较高的解吸压力说明煤层可解吸压力范围较大，可采性较强。

煤层气碳同位素特征 2 号煤、10 煤气样分析结果表明，煤层气为热成因气，不含生物成因气，分析认为是煤层距离奥陶系含水层较近，受其影响产生解吸—扩散—运移效应所致，说明太原组煤层保存条件比山西组煤层差。

5. 煤层气富集主控因素分析

2 号煤层顶板绝大部分是泥岩，局部为较致密砂岩，直接顶板厚度多在 2m 以上。延 3 井-延 6 井区泥岩厚 3～6m，延 5 井区泥岩厚度也为 5m 左右，泥岩裂隙不发育，封盖能力较强，对煤层气保存有利。延川南煤层气田 2 号煤层水质分析表明，延川南 2 号煤层水质平面分布具有"东西分块、南北成带"的特征，总矿化度整体呈西高东低的趋势。水质受单斜构造及断层的综合影响，在区块东部谭坪构造带 2 号煤层埋藏较浅，矿化度偏低，水质呈弱碱性，地层水属于为弱径流区，地层水矿化度说明煤层水具有原生特点，煤层与外界相对独立，也反映出该区水动力弱的特点，有利于气体保存。

在西部万宝山构造带，煤层埋藏较深，且白鹤、中垛两条封闭性断层阻断了上部水层的渗入，地层矿化度急剧升高，pH 降低，为滞留环境；在工区中北部局部断层发育区，沟通了上下水层的联系，存在垂直渗流现象，此处矿化度也较低且呈弱碱性，为垂直弱渗流区。构造保存条件断层的存在对 2 号煤层含气量有一定影响，逆断层基本上具有控气作用，对含气量影响不大，正断层不利于煤层气的富集。构造的形态与 2 号煤层的含气性也具有一定相关性，统计发现随构造下降，含气量呈指数上升的趋势。结合实际生产，构造的高低与煤层气井产液量有很大关系，构造较低位置产液量较大，产气效果较差；构造较高位置产液量一般，利于高产。同时远离断层发育区，产液量较低。分析认为构造低部位为地下水汇聚区，断层发育有加剧沟通可疑含水层组的可能，影响煤层气井的产气效果。

6. 生产现状

目前日产气量 61243m³，累积产气量为 2858×10⁴m³，从排采效果来看，解吸压力较高，为 2.3～9.3MPa，平均为 4MPa。平均见气周期为 180 天，产气量达到工业气流平均周期为 400 天，显示出较为优越的前景。延川南煤层气田已投产探井、评价井 42 口，其中日产气超过 1000m³ 的井有 19 口，包括 6 目井产气量超过 2000m³/d，3 口井产气量为 1000～2000m³/d。

从产能整体分布情况来看，万宝山构造带单井产能整体高于谭坪构造带，其中，谭坪构造带延 1 区块探井产能为 1009～2632m³/d，平均为 1506m³/d；万宝山构造带延 3 区块探井产能为 1019～3700m³/d，平均为 1857m³/d。实验井组：延川南煤层气田共部署开发实验井组三个，其中延 1 实验井组 29 口、延 3 井组 36 口、延 5 井组 27 口，主要是为了评价不同井网、井距适应性，以及评价降压条件下不同井型的产能。

目前延 1 实验井组已达到实验目的，15 口井产量突破 1000m³/d。延 3 井、延 5 井组于 2013 年初陆续投入排采，经过近 10 个月的排采生产，延 3 井组产气井 25 口，产气井平均单井日产气 626m³，平均解吸压力 7.16MPa，当前平均井底流压 5.92MPa，流压与解吸压力比值为 0.83，处于控压排水阶段，形势较好；延 5 井组产气井 26 口，日产气量为 12630m³，产气井三口，平均单井日产气 486m³，平均流压为 2.11MPa，流压与解吸压力比值为 0.68，处于控压排水阶段，潜力较大。

二、总体经济评价

煤层厚度、煤层夹矸厚度、煤岩灰分产率等因素对煤层气产能有明显的影响，除区内局部范围煤层气产气效果较差外，区内大部分区域均表现出整体有利的地质条件，在不同地质条件下均能实现 1000～2000m³/d 的产能。

煤层顶板泥岩厚度、水文地质条件决定含气分布、地层水矿化度、储层压力及煤层含气饱和度等，是区块煤层气富集的主控因素，也是影响区内煤层气井产能差异的主要地质因素。周边探井、评价井平均流压为 6.8MPa；日产气突破 2000m³/d 的井占多数，产能平均为 2340m³；流压为 4MPa，高产井产能平均为 1528m³/d。延川南煤层气井以储层压力、解吸压力为分割点，采用"快速返排—稳定降压—缓慢—控气排水—连续"的定量式"五段三压法"工作制度，针对不同阶段地层流体产出特点，通过初期快速返排、见气前调流压降幅、见气后控流压，达到多排水、扩展降压解吸目的，单井见气返排率、产气效果得到大幅提升。

第四节　美国煤层气勘探实例

一、圣胡安盆地开发实例

圣胡安盆地是美国落基山地区主要产油气区之一。圣胡安盆地拥有丰富的煤层气，已投入商业生产。Amoco 公司在美国开始进行广泛的煤层气勘探活动，以混合的方式进行开采。该公司在锡达山油田钻探 Cahn 1 井，该井的天然气产量超过预测量，从而启动开发项目。受到 Amoco 公司的成功激励，大型公司及个体经营者开始申请取得盆地煤层气勘探和测试的许可证。圣胡安盆地和其他盆地已钻探数千口煤层气井。

1. 地层及构造特征

盆地的南部和西部有复杂的沉积岩系，几乎全为陆相地层，并广泛分布于盆地外侧的科罗拉多高原，大部分为形成于类似陆相沉积环境的砂岩。从煤的含量上看，白垩纪的岩系是最重要的，大部分由砂岩、煤及页岩的交错沉积组成。从下至上白垩统地层层序一般为：Dakota 砂岩呈透镜状，一般以砂岩为主，含煤层，厚 54～200ft；Mancos 页岩为厚 400～2000ft 的海相含碳页岩及交错沉积的含煤的块状砂岩，大部分厚 180～250ft。Crevasse Canyon 组为一富煤岩组，大部分由透镜状砂岩组成，局部存在的波因特卢考特砂岩组，分为两段，一段厚约 200ft，另一段厚 100～300ft。上覆 Menefee 组分为几个由页岩及砂岩组成的厚层段及舌状体(其中有的含煤)。过渡带为透镜状砂岩沉积，Pictured Cliffs 砂岩为细粒海相砂岩，厚 50～400ft。Fruitland 组(水果地组)为夹砂岩、页岩、碳质沉积岩及灰岩，厚 200～300ft。新生界厚度大于 2500ft，由交互的砂岩和各种各样的页岩组成。盆地南部许多古近纪地层已被侵蚀掉，该处的侵蚀不整合面是古近系与第四系的沉积界面。古近纪和第四纪岩石最大总厚度在 3900ft 以上。

圣胡安盆地为近于圆形的不对称性的构造盆地，形成于晚白垩世及早始新世。盆地内上白垩统的沉积中心和向斜轴在盆地北缘和北东缘附近，并与之平行。盆地形状近似圆形，南北长约 161km，东西宽约 145km，轴线北西向。中部宽平，东翼和北翼陡窄，西翼呈平缓台阶(称四角台地)，沿盆地边缘展布的构造包括西部和西北部的 Hogback 单斜、北部的圣胡安隆起、东南部的 Nacimiento 隆起、南部和西南部的 Chaco 斜坡和隆起。盆地内部构造不复杂，仅是较新的地层轻微褶皱，盆地斜坡相当平缓，在盆地南翼倾斜度小于 1.5%。

2. 煤层发育及煤岩煤质特征

盆地内整个白垩系均有煤层分布，但最重要的煤层和煤层气资源存在于水果地组中，该组出露面积 $1.735 \times 10^4 km^2$。水果地组煤层从地表到地下 1280m 均有分布，煤层最大净厚度出现在盆地中东北部的北西向区带内，厚度超过 15m，局部达 33m。通常该地区钻井可以揭示 6～12 个煤层，单个煤层最厚达 6～9m。沿着盆地北部倾向方向延伸的河道间煤沉积向西南方向延伸，沿着古斜坡上升至西南部出露，即水果地组露头，河道间煤层平均厚度达 1.8m，单个煤层最大厚度达 3m。盆地的南部，厚煤层出现在水果地组下半部(45～60m)。

在盆地的中心，一些厚的组上部水果地组下部煤层在 Pictured Cliffs 砂岩处尖灭。盆地北部最厚的煤层与盆地南部水果地组上部薄煤层地层相当，盆地南部水果地组下部地层和煤层在北部缺失，这是由于在 Pictured Cliffs 舌状体 UP1 和 UP2 之间发生了地层尖灭。北部的厚煤层既可向 Pictured Cliffs 上部舌状体尖灭，又超覆于其上。但是由于煤层随时出现在 UP1、UP2 和 UP3 之上，这些煤层一般指的是水果地组下部煤层，即使它们在南部地层层位上高于厚煤层。圣胡安盆地南部中心的水果地组煤层由镜煤、壳质组及惰质组煤组成。水果地组灰分为 10%～30%，通常超过 20%，盆地南部的水分平均为 10%，北部地区的水分平均为 2%。水果地组煤岩的煤阶呈北高南低带状分布，北部为低挥发分烟煤到高挥发分烟煤，南部主要为亚烟煤，在圣胡安盆地北部，水果地组煤为高挥发性 "A" 并且位于热成因气窗之内。构造背景与煤化作用之间的关系表明，热成熟度主要是同造山期的，但是盆地北部可能在后期经历了构造反转作用。

3. 煤层含气性

(1) 含气量。高产地区含气量超过 15.6cm³/g。水果地组煤层含气量通常为 4.79cm³/g，在盆地三个条带向南的第二个条带内，由于热成熟度较低($R_o <$ 0.65%)，其气含量也偏低。

(2) 气体性质。圣胡安盆地中，水果地组煤层气的成分变化剧烈，成分变化是煤层的埋深、热成熟状况及水文条件等复杂因素作用的结果。一般认为，由于盆地抬升及数千英尺厚的上覆层剥蚀导致水果地组煤冷却。由于煤的吸附性与温度增加呈反比，冷却作用导致煤层不饱和。淡水沿着盆地北部边界出露的煤露头侵入并导致煤层压力增加；细菌作用导致次生生物成因煤层气形成，并使煤层重新达到饱和。煤层气和产出水的同位素分析表明，富集带的天然气是原地和异地运移到该地的热成因气和生物成因气的混合物。按地区分，圣胡安盆地北部高压区煤层气是干气；盆地南部负压区的天然气为湿气-干气，CO_2 气体含量小于 1.5%。水果地组煤层气的热值为 950～1050Btu[①]，热值低的煤层气分布在盆地北部，该部位天然气主要是干气，还含有相当数量的 CO_2 气体。同位素研究表明，次生生物煤层气是高产区带内煤层气的重要组成部分，占水果地组煤层气的 15%～30%。

4. 煤层可采性

(1) 煤层的孔隙度和渗透率。煤层的渗透率是煤层中发育自然裂缝系统状况及特性的综合效应。地下资料及地表露头研究都表明，圣胡安盆地存在两组主裂面系统。在盆地南部，主裂面系统向北北东向延伸，而在北部露头区，主裂面系统向北西向延伸。在盆地的西北部边缘，煤层气有利带的走向方向上，这两组主裂面系统都存在，使该区成为煤层的高渗透率区和煤层气的高产区。煤层中同时存在基质孔隙和裂缝孔隙，裂缝孔隙度通常小于 2%，大部分煤层气都以吸附状态储集在基质孔隙内。在自然裂缝系统中水通常是饱和状态，可能含有溶解气。在压

---

① 1Btu=1.05506×10³J。

力驱使下，经达西流作用，煤层气和水经主裂面系统流到井筒。当煤的主裂面压力降低，天然气分子从基质孔隙中释放并进入裂缝，在基质中形成天然气集中梯度。天然气从煤内部向裂面扩散，在裂面系统中以达西流向井筒流动。通常情况下，在盆地北部的主裂面系统中水处于饱和状态，而盆地南部的裂面系统不含水或含极少的水。煤层渗透率对上覆地层和直接的构造应力非常敏感，但是，水果地组中不存在高应力。圣胡安盆地和科罗拉多高原处在拉张应力区，只存在极小的北东东水平构造应力。此外，水果地组的井深度通常小于 1090m，这表明不存在过大的上覆地层压力。在产气区，水果地组煤层的透率通常在有利产区带达到最高。有些研究认为，超压使有利区有效应力降低，从而提高了渗透率。其他研究则认为，产气期间由于天然气释放（解吸），煤基质收缩，这种作用实际可开启主裂面并增加储层（煤层）的渗透率。

(2) 储层压力。沿着圣胡安盆地抬升的北部边界是水果地组的水补给区。由于降雨量低、含水层侵蚀及地理上不太多的露头制约了盆地在其他边界的水的补给。相对于淡水静水力梯度，水果地组处于一个异常压力带。盆地北部中心为超压，其方向与西北走向分布的煤层一致，在盆地的其他地带为低压。水果地组内部超压是由水动力引起的，这点可从盆地北部边缘附近承压的煤层井中看出。有的沿着盆地转换线超压向低压南方向的尖灭重合，有的沿着盆地转换带发生。

(3) 吸附气和游离气。在圣胡安盆地的 19 个煤层气田中，有 5 个气田厚度为15.25～122m，为重要的天然气产层。这些气田是科罗拉多州的伊格纳西-奥布兰科气田及新墨西哥州的奥约、哈帕山和洛斯皮诺斯南气田，说明煤层气井产出的气体来自煤层的解吸气和常规储层的游离气两种气源。圣胡安盆地煤层气井根据不同的条件采用不同的完井方法，有裸眼完井（包括裸眼洞穴完井）和压裂完井两种方式。裸眼井段可能是水果地组的砂岩、泥岩和煤的互层段，也可能是某个单煤层，对整个裸眼井段进行排采生产。另一种是在煤层气井终孔、下套管和固井后，选择煤层或砂岩进行射孔压裂，然后进行排采生产。可以看出，高压、高渗、高饱和度和存在游离气是圣胡安盆地煤层气高产的独特之处。典型实例表明，煤层气井产出的气体不单纯来自于煤层，还应该包括水果地组其他岩层中产出的游离气。多气源的供给大大提高了圣胡安盆地的整体产能，这对我国进行煤层气勘探开发也是一个启示。

5. 煤层气富集规律

圣胡安盆地的构造背景对煤层气的分布和气藏状况有影响，包括超压和煤层气有利区带的分布的影响，其中最重要和最隐蔽的构造是枢纽线，该线是水果地组煤层气有利区带凹向南侧的非渗透性边界。该枢纽线被解释为一条复杂的北西向延伸，由小型正断层控制的呈雁行排列的煤沼组成，这些小断层倾向北，断距为 30～60m，断裂控制的煤沼带宽度为 10～16km。三维地震数据没有揭示出发育在枢纽线的断层，相反他们提出枢纽线是一条非渗透性边界，该边界的出现与毛细管压力、相对渗透率差异及构造产状的轻微改变有关。

多源成因气分布在圣胡安盆地的南部和西部边缘。圣胡安盆地构造结构与煤化模式之间的关系表明热成熟是同造山期的，然而最高煤阶的低挥发分烟煤并不是赋存在目前的构造槽地，相反它们分布在盆地北部的构造高部位，该构造高部位是后期构造反转的产物，在成煤期间，流体是从盆地以北的拉普拉塔火山岩流入，或者是这两种状况的结合。圣胡安盆地北部 1/3 区域中的水果地组煤大多是高挥发分烟煤，或者煤阶更高，这些煤肯定已经产出过大量的热成因煤层气。在圣胡安盆地及其他地区，早期的煤层气勘探都集中在煤热成熟的区域，通常预测这些区域的煤层气中含有很高的热成因气成分，原因是生物成因气的体积较小，不具备经济价值。水果地组的煤层甲烷气基本是褐煤沼中形成的生物成因气。然而，后来的同位素研究成果则说明次生生物成因甲烷气相当重要，它占了水果地组煤层气总量的 15%～30%，这也是圣胡安盆地煤层气高饱和度的重要原因。据研究发现，从水果地组煤中解吸出来的气值的变化范围为 0.81～1.00m^3。水果地组煤层气的乙烷含量变化范围为 0～11%。

圣胡安盆地的形成是拉腊米构造活动的产物，拉腊米活动自晚白垩世开始，延续到始新世 80～40Ma。伴随着火山喷发，渐新世发生的区域拉张形成了圣胡安火山型油气田，并在圣安盆地北部形成了基岩及火山脉。与火山事件有关的高热流或与地下水运动有关的热对流导致圣胡安盆地北部异常高的热成熟度，为煤层气高产走廊带的形成创造了条件。发生在中新统并延续至今的区域性上升导致渐新世火山及火山碎屑岩被剥蚀，并沿着盆地北部 Hogback 单斜发生大气水补给作用。与流动障壁重合的构造枢纽线位于南部单斜到达盆地部位，与 2500ft（762m）的等值线重合。

水果地组及相邻地层的研究加深了对产出水、煤层储集状况及渗透率差异、煤层气成分及成因等方面的认识。水果地组煤层气带所用的技术图件包括平面图、压力图、横向剖面图。水果地组的注水区主要分布在盆地北侧潮湿（年降雨量 50～75cm）的高海拔区。盆地和西侧边缘区降雨量低（10～39cm/a），水果地组在盆地东侧变薄或者位于 Alamo 砂岩（或下伏的不整合面）之下，这都使盆地东部边缘区不可能成为该层段的地下水注入区。煤层是水果地组中的主要含水层。盆地北部的露头区及钻井岩心中，煤层内主裂面煤层是含水层。盆地北部的露头及钻井岩心中，煤层内主断裂发育，它的渗透率比相邻的低渗透性砂岩高出几个数量级。水流从注入区，主要是在北部边缘，其次在盆地东南部边缘向圣胡安河谷汇集，该区是区域的泄水区。在盆地的北部，地下水头向盆地高角度倾斜（等值线密集带），在盆地中部明显变平。由于存在北西向延伸的厚煤层带，平坦的等势面与渗透率改善的厚煤层气区一致。等势面明显变陡与厚煤层在枢纽线区域非渗透边界处的盆地一侧尖灭或错断相一致。盆地南部和西部水头等值线与露头区相垂直的现象表明，这些区域有少量水注入该地层。

相对于淡水静态梯度（9.80kPa/m），水果地组地层属异常压力区。高压区位于盆地的中北部，大致为矩形，面积大约 2590km^2，分布范围大致与北西向延伸的厚煤层区范围一致。而盆地的其他地区大多为负压区。高压区的井底压力为 8274～13101kPa，相当于单一的压力梯度 9.95～14.25kPa/m，负压区的井底压力为 2758～8274kPa，相当于单一的压力梯度为 6.79～9.05kPa/m。超压区与负压区的过渡带沿盆地中的枢纽线分布，与陡等势面和含水煤层向西南尖灭相一致。水果地组的超压不是古地压力，正如盆地北缘承压煤层的钻井所揭示的，超压是由水动力引起的。该地层组目前的温度低于 66℃，低于过去的温度，该温度也低于生成煤层气所要求的温度。超压区局限分布在盆地构造轴的北侧和西侧。最高的井底压力出现在盆地轴的南侧的纳瓦霍湖地区。超压区与负压区的过渡带平行于位于盆地西南部的挥发分烟煤的分界线（镜质组反射率为 0.78%），在盆地东南部，压力过渡带却与镜质组反射率线相垂直。超压与淡地层水分布一致，可证实承压水层是超压的。

氯化物含量图进一步确定了水果地组地层水的流动及储层特征。盆地西北边缘区的低氯淡水表明这些地区是注水区，低氯淡水呈舌状向盆地延伸，与通过等势面推测的水流路径相符，这些舌状淡水区是水果地组煤层中最好的渗透性含水层。同时，舌状淡水区向盆地推进意味着它是一个动力流体系。西南和东南向延伸的舌状低氯淡水区反映了由含水煤层、水果地组河道砂岩带、主要裂缝延伸方向的影响或所有这些地质体的综合所导致的渗透率不均质性。低氯的 NaHCO$_3$ 型水与高氯的 NaCl 型水之间的水化学边界与区域压力、等势线及岩相界线相一致，所有界线均沿构造枢纽线分布。产水数量图也支持动力含水层系统和承压层超压的解释。经过 12 年煤层气开发后，到 1992 年，圣胡安盆地北部边缘各产气区中，西北缘的产水量大于 32m^3/d，高产走廊带大于 8m^3/d。单井平均日产水量向盆地方向减少。高平均产水量区位于枢纽线北侧，呈北西向延伸；枢纽线以南的产区，各井的日平均产水量不到 10bbl[①]。

6. 多因素叠置形成煤层气富集的甜点

水果地煤层气具有地质和水文因素双重控制的甜点效应。圣胡安盆地中，各

---

① 1bbl = 1.15627×10^{2}dm^3。

地区的单井产气量及天然气组分存在明显的差异，因此，产量分析与地质和水文研究相结合，可识别出具有相似煤层储集特性的产气层段及其延伸方向，从而确定产气量最有利的区域。圣胡安盆地煤层气可分为三个区域或区带，分别为盆地中北部的超压区(区带 1)、盆地中西部的负压泄水区(区带 2)和盆地南部和东部的负压区(区带 3)。尽管盆地中钻探水果地煤层气的钻井数超过 3100 口，但大部分天然气都是产自区带 1 有利区，该有利区呈长条状。区带 1 煤层厚度大，普遍大于 10m，煤层气含气量较高，渗透率较大。根据气渗透性特征，可以将区带 1 进一步划分为三个区，即 1A 区、1B 区和 1C 区。1A 区最大净煤厚度可达 21m，煤层气含气量高，一般大于 14m³/t，储层渗透率大，最高产气量可达 28000～168000m³/d，是圣胡安盆地的"甜点"地区。该区为地下水滞留区，储层压力高，压力梯度超过 11.3MPa/100m，为超高压储层。1B 区和 1C 区相对 1A 区来说，煤层厚度和含气量较小，煤层含气量为 5.6～11.2m³/t，位于地下水弱径流带，压力梯度为 9.79～11.3MPa/100m，为超压储层。区带 2 最大产气量为 850～14000m³/d，煤层厚度为 9～15m，煤层气含气量一般小于 258m³/t，煤层气保存条件不如区带 1，大部分储层处于欠压状态。区带 3 最大日产气量小于 1400m³/d，煤层厚度为 9～15m，煤层气含气量一般小于 58m³/t，煤储层渗透性较差，渗透率一般小于 5×10⁻³μm²，为欠压储层。较大的煤层厚度和含气量是圣胡安盆地区带 1 煤层气资源丰度高的原因之一，而较高层压力和渗透率有利于煤层气井的高产。

7. 煤层气成藏模式

煤层甲烷的产能取决于其渗透性、煤的分布与埋藏历史(等级)、气体含量、流体动力学及构造趋势等，要形成高的产能，就要求这些相关的地质和水文条件能够协调配合。在圣胡安盆地，与岩浆热事件有关的热演化作用和流体动力学共同发生作用，从而在盆地中北部较浅的部位生成了大量的气体。气体含量比预期要高，这是因为沿构造转折线迁移的气体被常规流体动力学圈闭，也反映了有煤层次生生物成因气的生成。目前的水文系统是在埋藏、热成因气生成并沿盆地边缘上升、侵蚀后建立起来的。流向盆地的地下水沿构造断层枢纽线通过高等级的(中、低挥发性沥青质)、高气体含量的煤向低等级煤(高挥发性"B"型和"A"型沥青)流动。这些地下水将细菌带入，细菌作用于煤化过程中产生正烷烃和湿气，从而生成次生生物成因甲烷。当地下水流向盆地时，不断推进的前锋预先扫除那些在它之前被溶解或夹带的气体，这些气体最终被吸附或填充进普通圈闭的裂隙之中。流体动力学对煤层气富集的明显贡献表现在它维持了水果地等势面、煤层气成分和开采量之间良好的关系。

8. 开发情况

圣胡安盆地地质上的特点主要表现为煤层厚而广、中-高气体含量、中-高煤阶、适度的煤层渗透率、中-高水产量煤层超高压、煤层上下岩层的封闭性好等，因此圣胡安盆地被认为是世界上最具有生产能力的煤层气盆地。从完井技术及生产情况来看，圣胡安盆地可以分为两个独立的区域甜点区和普通区。在该区域煤层最厚煤层一般较薄，渗透率低，并且一般压力正常或欠压。在甜点区主要采用裸眼洞穴完井，而在甜点区之外一般采用套管完井水力压裂进行增产处理。

由于该盆地水果组煤层几乎不包括砂岩，即使有也非常致密，页岩一般也很稳定，对完井和生产操作几乎没有影响。煤层上的围岩很少有孔渗性砂岩，因此几乎不存在与上下承压水体沟通的风险。这些地质特点使洞穴完井及套管完井压裂增产具有较好的适应性。在圣胡安盆地使用的两种最普遍的煤层气井完井方法包括：单级压裂的套管多层完井（MSC）和动态造穴的裸眼完井。MSC 管射孔压裂完井是煤层气井最常用的一种完井方式，多数煤层气生产盆地使用这种完井方式，适用于中-低渗煤层气井完井。

在煤层下部留一个口袋可使排水作业更有效，并可取得最高气产量。在煤层薄、层数多、地层压力小的情况下，还需要多层完井技术。多层完井技术能降低煤层气的开发成本，提高作业效率。根据全井各煤层的特点和上下围岩的性质，可以有针对性地选择套管射孔完井、套管+裸眼完井、套管射孔+裸眼洞穴完井等混合完井方式。套管射孔+裸眼洞穴完井等混合完井方式动态造穴的裸眼完井，圣胡安盆地煤层气井产量达到该盆地总产量的 54%，该盆地还有一部分砂岩气藏开发井，而裸眼洞穴完井产量就占到总产量的 76%。有超过 1000 口水果组煤层气井采用动态洞穴技术完井或重新完井。裸眼洞穴完井是圣胡安盆地煤层气开发应用较多的完井方式，这种完井方式可以避免固井液、压裂液和施工过程中压力突然激动对煤层造成伤害。圣胡安盆地的煤层气井一般采用套管完井，注入水泥、射孔并采用不同压裂方式对储层进行增产处理。Meridian 石油公司开始在新墨西哥州进行裸眼洞穴技术的实验。在圣胡安盆地北部的甜点区，洞穴完井的产量一般是套管压裂完井产量的 5~10 倍，洞穴技术才是圣胡安盆地最主要的完井方式。

二、粉河盆地开发案例

1. 概况

粉河盆地位于美国中部，具体包括怀俄明州的东北部和蒙大拿州的东南部。盆地面积大约为 73815km²，其中 75%在怀俄明州境内。盆地内古新统尤宁堡组和沃萨奇组煤层厚度大、分布广，但演化程度低，蕴藏着十分丰富的低煤阶煤层气资源。

根据以往经验认为，具有商业价值的煤层气资源主要是中煤阶的煤层气资源，煤阶太低，一般含气量不高，不具有勘探价值。但是粉河盆地低煤阶煤层厚度大、渗透率高、资源丰度高、含气饱和度高，可获得商业性的气流。在长期开采后美国煤层气产量还能稳定增长，主要得益于一些中低阶煤盆地的煤层气勘探开发技术日趋成熟，产量逐年提高。其中粉河盆地的勘探开发活动最为活跃，成果最为显著，是美国近年来煤层气储量和产量增长最快的盆地，成为低煤阶煤层气成功勘探开发的典型代表。

粉河盆地煤层气勘探开发历程始于 1986 年，由 WYATT 石油公司在该盆地钻探了第一口煤层气井，该井的产水量很大，但产气量很小。之后一些公司钻了一些较浅的煤层气井，产量增加，粉河盆地煤层气产量为 $3.6\times10^8\mathrm{m}^3$。单井产量一般为 $3700\sim9900\mathrm{m}^3/\mathrm{d}$，最高为 $28000\mathrm{m}^3/\mathrm{d}$。

2. 地层特征

粉河盆地是一个在前陆盆地基础上，经分异构造运动而发育起来的晚白垩世—古近纪煤(气)共生盆地。盆地的东界是黑山，东南界为哈特威尔隆起，西南和南界为卡斯佩尔为隆-拉拉米山脉，西界是大角山，东北界为米尔城穹隆，这些边界均为晚白垩世—古近纪拉拉米造山运动的产物。盆地走向为北西-南东向，盆地轴部靠近西部边界，形成非对称盆地。盆地东翼地层倾角向西南平缓倾斜，而盆地西翼地层倾角则以 20°以上向盆地轴部倾斜。粉河盆地发育地层较全，在前寒武系基底基础上，发育一套巨厚的海相成因的古生代和中生代地层，以及一套较薄的陆相成因的晚白垩世和新生代地层。

白垩纪最初的陆相沉积在怀俄明州称为兰斯组，在蒙大拿州东南部被称为赫尔克里克组，该时期发育由西向东的河流冲积体系，地层由厚层状砂岩、暗色黏土和页岩交替组成。该组从蒙大拿州比格霍恩县的往南增厚，至怀俄明州康弗斯县达 2500ft。在粉河盆地的西南部兰斯组的底部局部含有少量的不纯煤层，煤层厚度平均为 3～6ft。古近纪开始，拉拉米造山运动引起盆地周边山体上升，盆地内部沉积体系演化为山间河流冲积体系。

西缘的地壳加厚和冲断作用使盆地西部发育了厚层冲积地层。造山运动继续导致周边山脉上升和盆地下拗，盆地发育北东向河流体系和其间的成煤泥沼。河流形成了长期的河道模式，其边缘则为长期稳定的穹隆式泥沼。在长期潮湿、亚热带气候条件下，这些泥沼环境中集中发育了厚层状古新统的尤宁堡组和始新统的沃萨奇组煤层。由于拉拉米造山运动结束，河流冲积作用结束于始新世晚期。由于剥蚀作用，盆地内部中新世全部火山岩和大部分白河组火山岩遭受剥蚀。

3. 煤层发育及煤岩煤质特征

粉河盆地煤层极为发育，但主要集中在汤加河段，全段煤层总计 32 层煤，累计厚度为 105m，单煤层厚度最厚达 45m，现今生产的煤层气主要来源于 Tongue River 段。在沃萨奇组中煤层也有发育，大部分较为连续，除迪斯梅特湖区煤层巨厚外，其他地区煤层厚度不大，一般在 1.8m 以下。

煤层厚度从几英寸至 250ft。沃萨奇组煤层平均厚度约 25ft，尤宁堡组上煤层平均厚度为 50ft，而下煤层厚度 2ft，沃萨奇组煤层最厚在盆地西部一中部，净厚度达 200ft。

粉河盆地为典型的中-低煤阶煤盆地。这是煤层沉积以后，仅经历了短暂的浅埋，煤层演化程度低所致。尤宁堡组上段(汤加河段)煤层沉积后，盆地缓慢沉积了沃萨奇组，之后为白河组火山岩和中新世火山岩发育期，尤宁堡组上段(汤加河段)煤层逐步下降，直到埋深达到 1000m 以上，地层温度达到 7℃；最后由于上覆地层快速剥蚀，煤层迅速抬升，以致埋深小于 500m，地层温度仅 7℃。沃萨奇组煤层在地史时期，所经历的埋深和地温则更小。

粉河盆地尤宁堡组和沃萨奇组煤层横向变化快，煤层合并、分叉和尖灭现象多。单个煤层有透镜体，也有长条体，厚度由几英寸到 250ft，侧向延伸由几百英寸到几十英里(1 英里=1.609344km)。

经过上述埋藏史之后，粉河盆地尤宁堡组上段(汤加河段)煤层上覆地层(也即煤层埋深)总体较小，其东部、北部和南部大面积范围内上覆地层埋深 0～300m，仅西部和盆地中心上覆地层埋深 300～600m，其中局部大于 600m。在随上覆地层埋深增加的地温控制下，盆地内煤层的演化程度总体较低，也存在着从东到西演化程度加大的趋势：东部和北部 R_o<0.4%，中部和西部 R_o 为 0.4%到大于 0.6%，其中盆地轴部 R_o>0.6%。

粉河盆地尤宁堡组和沃萨奇组煤层煤阶低，一般为褐煤至亚烟煤。其中沃萨奇组煤层煤阶一般为褐煤至亚烟煤 "B"；尤宁堡组煤层煤阶一般为褐煤至亚烟煤 "B" 和 "C"。

总体来看，粉河盆地尤宁堡组和沃萨奇组煤层组分特征相近，基本上都是硫含量低，灰分含量可显著变化但主要为低-中等。煤层通常湿度为 18%～37%，挥发分含量为 26%～40%，固定碳含量为 30%～42%，灰分含量一般小于 15%，硫含量一般小于 2%，热值为 7000～10000Btu。当暴露地表时，煤层丧失水分。煤显微组分主要为镜质组，惰质组较少，含量为 19%～26%。

4. 煤层含气性

由于埋深浅、地层压力低，煤层演化程度低(煤阶低)，粉河盆地煤层含气量低。据实际测定资料统计，粉河盆地煤层的含气量为 $0.03 \sim 3.1 m^3/t$，平均为 $1.5 m^3/t$ 左右。含气量与煤阶、煤岩和埋深等因素有关。一般低煤阶的含气量比较低，其吸附能、吸附气少，相比而言，游离气的比例增高，据估算可以达到 $22\% \sim 51\%$。由于游离气极易在测试含气量时被忽略，从而造成测试值偏低。这也是为什么粉河盆地有些地区煤层气产量已经超过其原地评价资源量两倍的原因。

煤储层内部非均质性强，由七种主要岩性类型组成，分别是坚硬木质结构、木质结构、细纹层、粗纹层、很粗纹层、富细屑煤和黏土或矿化煤。薄层由保存良好的茎和根组织，肉眼看似粒状煤的细屑煤、泥炭中的丝炭或森林火灾形成的焦炭组成。在镜煤未被分开的情况下，该剖面被描述为木质结构。软的和硬的木质结构，可能是不同植物或植物的不同部分形成的。

煤储层发育两组天然裂缝系统，二者相互垂直且与煤层面垂直，裂缝系统由穿层的面割理(首先形成的原始裂缝)和端割理(后期形成的次生裂缝)组成。割理网是天然气的重要通道。割理是煤储层孔隙度和渗透率的主要贡献者。

通过大于 $3 in$[①]岩心和煤矿井壁岩心描述，割理间隔为 $0.04 \sim 3.94 in$，而越厚的镜煤细屑，煤割理间隔越大。怀厄德克-安德森煤层割理间隔为 $3 \sim 5 in$，煤层下部割理间隔相对较宽，可能是该部分煤层具有较高镜煤(木质)含量所致，煤矿面割理走向东—北东。接近同一层面面割理走向北西，而端割理走向北东。相反，Gillette 割理走向变化快。面割理北东向、北西向与大地构造应力场有关。面割理方向和渗透率能影响煤层气有效区域运移通道。面割理和端割理均能强化单一井生产过程。由于粉河盆地煤层埋藏深度一直不大，且后期抬升，故所受压实作用较弱，煤储层物性好。

影响粉河盆地煤层气开发的两大因素分别是水文地质和生产中产生的水。煤层中的水既可是泥炭化和煤化过程中的结构水，也可是从露头和邻近含水层来的再充填水。结构水来自于泥炭母体，其含水量高达 90%。在煤化阶段，结构水含量随煤阶升高而减少，褐煤结构水含量约 60%，亚畑煤降为 44%，低挥发分烟煤 $(R_o=1.8\%)$ 则为 16%。

煤化后煤层中大部分水为外来水。在沃萨奇组，尤宁堡组和兰斯组中的煤层是重要的含水层。例如，尤宁堡组的怀厄德克-安德森煤层带即为粉河盆地最连续的含水单元。然而，煤层分叉、合并影响了该煤层带的水体流动。怀厄德克–安德森煤层带和相关煤层中水体通过露头流出，并被上、下非渗透的泥岩和灰质页岩封闭。怀厄德克–安德森煤层带水体充注发生在盆地边缘露头。在东缘和北缘，普遍能见怀厄德克–安德森煤层带和其他煤层的接触变。其他煤层的接触变接触变质煤在盆地东部和北部分布面积达 $460 m^2$，其在地下水充注过程中起到重要作用，

① $1 in = 2.54 cm$。

该充注在更新世前后是一个重要的水文过程。

雨水充注和大量地下水的输导可能在冰期和间冰期发生了变化。当地层水位变化时，储层压力变化导致煤层中气体解吸而进入邻近砂岩储层中。接触变质煤也提供了含氧水的频繁充注，允许细菌反复作用产生煤层甲烷。在地下即尖灭的煤层中没有含氧水充注而缺乏生物气生成。粉河盆地并非所有煤层均富含煤层气。

在盆地东部，煤层中水体区域流向西北，直到盆地中部。在盆地东南部，水体区域流向北，局部也可能发生变化在盆地中部，煤层埋深大。

另外，沃萨奇组、尤宁堡组和兰斯组中的砂岩与泥岩、粉砂岩、钙质页岩交互，也是含水层，但没煤层含水层那样连续。例如，在沃萨奇组砂岩含水层中区域水流方向向北，但由于砂岩的不连续性而流动极慢。砂岩含水层的储水能力随颗粒大小、结构、内部构造和胶结作用而变化，在砂岩中存在承压状态。

5. 煤层气富集规律

粉河盆地煤层气富集的主要控制因素为：①煤储层物性良好。由于煤层形成晚和地史中一直埋藏浅，故煤层演化弱、压实作用弱，煤层普遍物性良好，这为游离气运移和富集提供了必要条件。相对而言，东部缓坡带煤层埋藏更浅，且处于游离气运移状态，故是煤层气勘探开发最有利目标区。②雨水和雪融水渗入煤层。由于煤层物性良好，雨水和雪融水比较容易从露头区和采空区渗入煤层，并沿煤层向盆地中轴区流动。雨水和雪融水带入细菌，同时改变了煤层中盐度，使细菌在煤层中持续繁殖。在细菌作用下，煤层不断产生生物气，使煤层天然气饱和度维持在90%～100%。与此形成对比，有些煤层在地下即尖灭，与地表无裂缝等沟通，雨水和雪融水未能渗入该煤层，故该煤层不能产生大规模的次生生物气，煤层天然气饱和度较低，资源潜力较小。③构造高点。由于煤层游离气所占比例最高可达50%，其在煤层中必然向高部位运移。在总体宽缓斜坡背景下，构造高部位特别是小高点等为煤层气相对富集创造了条件。

粉河盆地古近纪煤系地层属河流冲积-泥沼相沉积，煤层顶底板为泥岩、碳质页岩和粉砂岩。由于地史时间短且早期缓慢沉降、晚期抬升，煤层一直处于浅埋条件，物性很好，而顶底板岩石物性相对较差。盆地新生界遭受的挤压作用较弱，构造简单，特别是盆地东部地层主要为向西倾斜，仅发育小规模倾角较缓的褶皱和少量断层。由于浅埋，煤层温度一般低于40℃，演化程度低，天然气多为生物成因，少数为热成因，特别是在晚期抬升剥蚀后，热成因基本停止，而露头水体进入煤层，带入细菌并同时改变了地层水盐度，使细菌繁殖而大量产生(次生)生物气，不断补充气藏，故煤层气饱和度极高(90%～100%)。

在较低地层压力和良好物性条件下，天然气在煤层中一小部分为吸附气，而另一大部分为游离气。由于盆地区气候较半干旱型，相对少量雨水和雪融水从露头区渗入，经煤层向盆地中部较深区运移，而形成承压水。在上述地质条件下，粉河盆地煤层气成藏模式如下：煤层在热演化作用和微生物作用下，特别是晚期微生物作用下不断生成大量天然气，其中一部分以吸附形式赋存于煤层中不同部位，而另一部分则以游离气形式在煤层中运动，在地下水向下运移的同时，天然气向构造高部位特别是局部构造高点富集，顶底板大部分是物性相对较差的泥页岩和粉砂岩，将煤层气封闭在煤层中，煤层中游离气也可能运移至少部分砂岩顶底板中成藏。

粉河盆地长期勘探开发活动证明，最好的产气区是砂岩体附近与差异压实作用有关的构造高点、紧闭褶皱形成的构造高点以及煤层上倾尖灭的部位，并在该部位伴生有被非渗透性页岩所圈闭的游离气。因此，该盆地煤层气开发战略是：早期开发井位于露天矿附近已卸压地层中或在厚煤层中有气顶的小背斜上，随后煤层气开发不断向盆地中心推进。

6. 开发情况

粉河盆地是美国新兴的煤层气开发基地之一，煤系地层主要分布在尤宁堡组，盆地平均煤厚为 23m，埋深为 90~900m，含气量为 1~4m^3/t，平均为 1.4m^3/t，含气量明显较低。虽然煤层含气量比圣胡安盆地低一个数量级，但是该盆地厚而广泛分布的煤层及巨大的煤炭资源恰好弥补了煤层气含量不足的缺点。粉河盆地的天然气最初产自浅部的砂岩，是一种煤层气。1986 年，WYATT 石油公司在该盆地钻探了第一口煤层气井以后，至 1998 年年底，共钻探 550 口煤层气井，盆地日产煤层气 249 万 m^3，单井平均日产量 4530m^3。1997 年，粉河盆地煤层气产量为 3.6×10^{8}m^3。到 2006 年，粉河盆地煤层气开发井达到了 16000 口，单井产量一般为 3700~9900m^3/d，最高达 28000m^3/d。比较成功的开发区域主要位于东部边缘露头的缓坡区，该区地下水活跃，矿化度低，日产水为 32~79m^3。由于粉河盆地煤层气的勘探开发费用很低，同时，由于煤层的高渗透率和地层水的低矿化度，使得粉河盆地煤层气的开发免去了煤层压裂和地面水处理的费用。

第三章 非洲卡鲁盆地煤层气地质特征

第一节 非洲卡鲁盆地工作现场情况

一、基本概况

卡鲁盆地(Karoo Basins)位于非洲大陆板块非洲西部,盆地南缘分布有万基矿区、奎奎矿区及卢比姆比矿区,其位置如图3-1所示。地质构造位置属纳米尼亚与博茨瓦纳两国大型煤盆地东延部分。

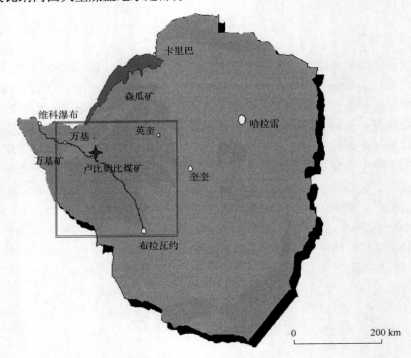

图3-1 非洲卡鲁盆地位置

卡鲁盆地内西部有万基矿区,北部有森瓜矿区,南部有卢比姆比矿区。如图3-2所示,卡鲁盆地分布在布拉瓦约与万基一带西侧的三个区块内,煤层气勘探开发有效含煤面积为6073km²。由北至南一区块位于万基西侧,该区域面积大约为1100km²;二区块位于达赫利亚西部,该区域面积大约为177km²;三区块位于卢帕内西北部,该区域面积大约为4148km²。另外,二区块东部的区域面积大约为 648km²。整个矿区的交通情况较方便，在卡鲁盆地中部布拉瓦约至万基有铁路通过，盆地内的交通公路也比较发达。

在卡鲁盆地煤层气勘探开发区域范围内有卡纳河、尚加尼河通过，其西部和北部有万基国家公园和扎里拉国家公园。整个区域内的地势平坦，属高原部位，海拔为 900～1000m。该区气候属于属热带草原气候，年平均气温为 22℃，10 月份温度最高达 32℃，7 月份温度最低为 13～17℃，年降水量一般为 500～1000mm。

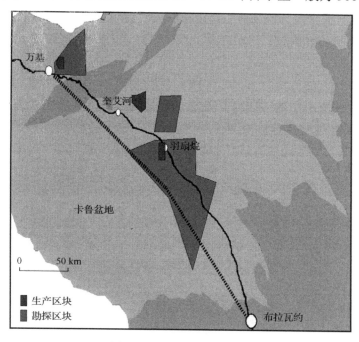

图 3-2　非洲卡鲁盆地区块

图 3-3 为卡鲁盆地区域的万基到布拉瓦约交通铁路线，显示该区域的煤层厚度和煤层界限，该地层发育比较齐全。非洲大陆北部地区外，在前寒武纪是一个较为稳定的隆起陆地区块，非洲南部的早前寒武纪地层尚未变质，属于世界上早前寒武纪地质保存最好的地区。

卡鲁盆地轴部地区沉积地层厚度达到 6000m，而西北边缘和东、西沿海地带仅受到后期的加里东、海西和阿尔卑斯构造运动的影响。南部非洲早期是泥盆纪地层，岩性一般为海相砂页岩。晚石炭世—早侏罗世，陆相沉积的地层厚度很大，并且底部有冰碛层。

早元古代是镁铁质岩浆活动的重要时期，非洲著名的非洲大岩墙和灌木草原杂岩都是这个时期的产物，长为 480km，宽为 8～10km，主要由蛇纹岩化辉石岩、橄榄岩、方辉橄榄岩、苏长岩等组成。

二、勘探现场

在勘探工程中比较有代表意义的是在卡鲁盆地三个区块煤层钻探的六口岩心井、三口实验生产井和一口生产测试井。如图 3-3 所示,卡鲁盆地前期勘探的区块。经过前期的勘探测试,初步估算该区域具备世界级的煤层气气田的潜力,前期勘探测试工作已主要集中在卡鲁盆地二区块的 $177km^2$ 范围内,该区域前期进行的煤层气勘探已证实,该区域煤层厚度高,煤炭储量大。在二区块煤层钻了四口岩心井,每个目标煤层的厚度为 100m,深度为 300~450m。

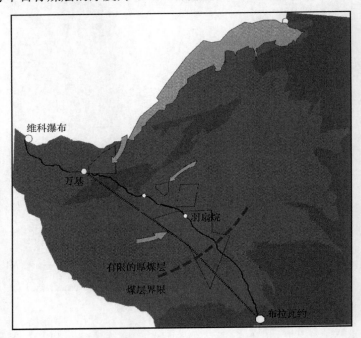

维科瀑布

万基

羽扇烷

有限的厚煤层

煤层界限

布拉瓦约

图 3-3　卡鲁盆地区域铁路交通

总体上来看,卡鲁盆地含煤面积广阔,煤层气藏区块内沉积有巨厚的煤层,同时煤层沉积程度稳定,赋存深度、煤岩、煤质、煤层含气量、煤层解吸等均具有大型煤层气藏的地质条件。

近期,又在该区域钻了三口煤层气实验生产井,三口实验生产井均产出了一定量的煤层气,这三口实验生产井表明,该区域可以产出煤层气。由于该区域煤层含水丰富,如果生产排放地下水,应对水和气进行分离。测试期间用水泵对煤层进行过水气分离,因水泵性能原因效果并不十分理想。

在卡鲁盆地二区块域又钻了三口岩心勘测井。这三口测试井证明卡鲁盆地的煤层厚,煤层气含量丰富,与二区块一样属煤层气非常丰富的气田。此后,在卡鲁盆地一区块，离万基电站 25km 的地区，也钻探了一口生产井，目的是为证实该区域是否也是能够持续产出工业生产所需气量的气田。

后期从美国进口了一套钻井装备用于该井钻探，钻井深度为 835m，在钻井深度为 716～822m，有厚度为 40m 的煤层。通过钻探的结果表明，该煤层可产出大量煤层气，但因为含水较多，产气量未能准确测定。

2015 年下半年开始对该区域进行过抽水实验，期望通过将该井的水量抽出，使煤层中的水位降低，以获得适当的压力，促使煤层气从煤层中大量释出，进而准确测试该井的产气量。由于各种原因，抽水实验断断续续地进行了两年。由于水泵能力不够，始终未能将水位降到煤层气释放所需的最佳水位，一直未完成准确的产气量测试。

由表 3-1 所示，通过对三个区块的勘探测试，可以初步估计卡鲁盆地勘探区域有可能为一世界级的煤层气气田，初步评估其储量为 66500 亿 m³。由于勘探工作的深度和范围均不足，该储量数据的准确性和可靠性尚需通过进一步的勘探测试来完成。

表 3-1 卡鲁盆地三个区块面积、储气量

区块	类别	面积/ha	估算储气量/亿 m³
二区块	开发井	64806	—
	生产井	17750	5400
三区块	开发井	414766	—
	生产井	10500	43600
一区块	开发井	110000	17500
	生产井	9400	—
合计		607222	66500

后期计划采取分阶段测试，重点推进下一步的勘探和开发工作。第一阶段，首先完成现有四口实验生产井产气量的准确测定；第二阶段，集中在二区块和一区块加大岩心井和实验井钻探工作，重点探明和核实该两个区域煤层气的储量；第三阶段，完成其他区域的勘探测试工作，确定全部区域的煤层气储量；第四阶段，根据卡鲁盆地储量情况，制定开发利用方案分步实施。

从卡鲁盆地前期的四口井测试来看，共取了 509 个岩心样本，进行煤层气成分和煤炭的灰分、挥发性和固定碳的测试分析，分析测试结果表明，该区域具有意义重大的煤层气储量，由于地质特征与美国圣胡安盆地具有相似性，其他煤层区域可以类推。

第二节　非洲卡鲁盆地煤层地质特征

　　煤层厚度较大而且分布稳定是煤层气形成气藏的物质基础,也是煤层气开发、评价的重要指标。煤层厚度大,不仅生气能力大,而且资源量丰度高,能够更好地赋存煤层气。煤层的埋深对煤储层物性及含气量有重要影响,煤层埋深是制约煤层气发展的重要因素。所以,加强煤层埋深的研究,为寻找煤层较浅的煤层气勘探目标区至关重要[139-148]。

　　研究分析卡鲁盆地煤层分布的基本特征,从前期勘探获得的实验数据进行分析,由于勘探程度较低,还需要进一步的研究。前期在盆地东北部有煤层气钻井测试,卡鲁盆地含气煤层的分布主要集中在这三个区块,按照勘探钻井的循序来对这三个区块分别进行分析讨论。

一、二区块

　　如图 3-4 所示,从卡鲁盆地二区块的 C-1—C-4 连井对比图来看,该区块共有两个煤层,分别是 Bira 煤层和 Tshale 煤层,在 C-4 井处两煤层合并为一层,煤层厚度大约为 110m。从整体上来看,煤层分布较均匀且稳定,而且煤层的厚度比国内的煤层要大得多。

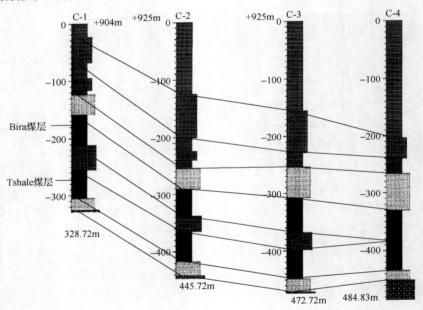

图 3-4　卡鲁盆地地区二区块连井剖面

从图 3-4 中看出，Bira 煤层煤厚为 40～60m，Tshale 煤层煤厚为 40～60m，Tshale 煤层和 Bira 煤层厚度相当。两套煤层中间夹有大约 30m 厚的砂岩层。图 3-5 为卡鲁盆地二区块 C-1—C-4 钻井的外连图。

如图 3-6～图 3-8 所示，从卡鲁盆地二区块井位和外围井对比看，可以从 A—A′连井对比剖面图上看出，两层煤单层存在，没有合并在一起，并且 Tshale 煤层在二区块北部煤层变厚，大约 80m；在二区块西部煤逐渐变薄，减为 30m。而 Tshale 煤层厚度相对较稳定，变化不是很大。从 B—B′连井对比剖面图上看出，在 C-5 井和 C-4 井之间或以东南地区，两套煤层合并为一层，煤层厚度大约为 110m。

图 3-7 为卡鲁盆地二区块的连井对比，区块内东南部两层煤合并为一层，在区块北部，两套煤层单独发育，煤层厚度变化不是很大。

煤层厚度从矿区的西部向东部逐渐增厚，最厚可达 100 多米。矿区东部煤层厚度加大是由于 Tshale 煤层增厚引起的；而 Bira 煤层比较稳定，煤层厚度变化范围为 46～55m。

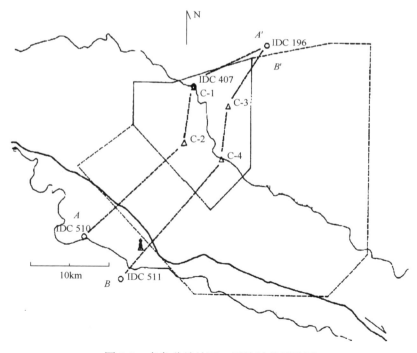

图 3-5　卡鲁盆地地区二区块钻井外连图

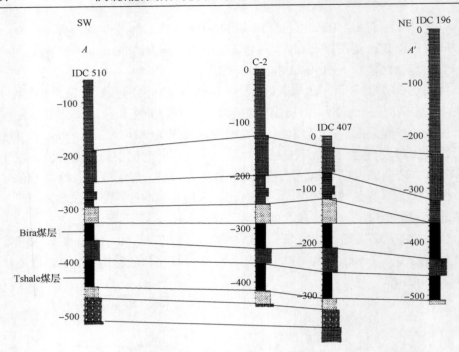

图 3-6　卡鲁盆地二区块外 *A—A′*连井剖面

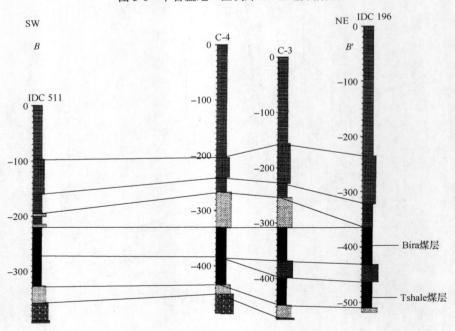

图 3-7　卡鲁盆地二区块外 *B—B′*连井剖面

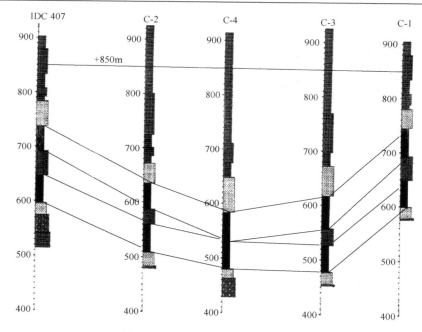

图 3-8　卡鲁盆地二区块内连井剖面

二、三区块

图 3-9 为卡鲁盆地三区块 C-5 井的煤层厚度数据点情况，从图上来看，煤层厚度整体从北向南逐渐变薄，在三区块北部 C-5 井处，该煤层最厚，煤层厚度为 340～576m，在 Insuza 煤层处，煤层厚度逐步变薄为 257～337m，在 Tjolotsho 煤层和 Sawmille 煤层处，煤层厚度最薄，为 265～328m 和 298～326m。研究表明，煤层气含量随着埋深增加而增加，煤层埋深与含量呈线性关系，走向对含气量的影响不明显。

三、一区块

图 3-10 和图 3-11 显示的是一区块煤层的测井相，从图 3-11 上的测井相可以看出，一区块的煤层分叉较多，煤层厚度相对较薄，测线特征变化较大，与二区块和三区块煤层对比较困难。卡鲁盆地一区块煤层埋深为 865m 左右，一般认为，随着煤层埋深增加，煤层气含量和压力会增大，所以煤层埋深是影响煤层气储量富集的普遍规律。

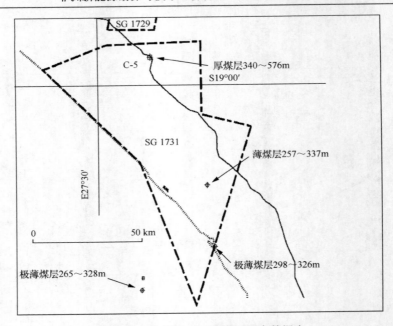

图 3-9　卡鲁盆地三区块煤层厚度数据点

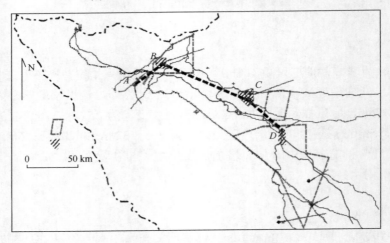

图 3-10　三区块之间煤层位置

　　从现有资料来看，卡鲁盆地煤层气的保存条件相对较差，尤其是二区块 C-1—C-4 井的煤层直接顶板，是一套厚度为 40～70m 的粗砂岩，而直接底板为 20m 厚的细砂岩，中间又是一套含水砂岩(Waterfall)，对煤层气的保存不利，这也可能是导致该区块煤层含气量低的主要原因。另外，二区块含水砂岩对煤层气的含量有一定影响，煤层内的水分含量大，影响煤层气的含量。

　　图 3-12 是二区块地质剖面图。

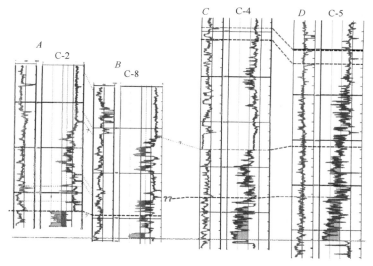

图 3-11　三区块之间连井对比剖面

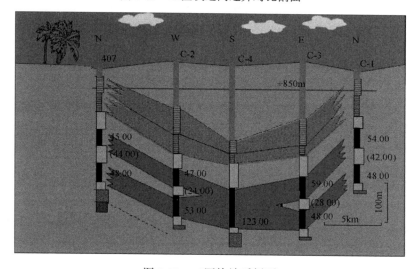

图 3-12　二区块地质剖面

第三节　非洲卡鲁盆地煤岩煤质分析

一、煤岩结构特征

从获取的两组煤层岩心样品来看(图 3-13)，该地区煤质的基本特征是煤层含有方解石。从取心情况看，煤层节理和割理发育明显，煤样以半光亮的沥青光泽为主，镜煤有玻璃光泽，整体煤样褐黑色，断口多呈参差状和阶梯状，表明渗透率较大。该地区煤层内生裂隙较发育，并多有方解石胶结物充填。卡鲁盆地的煤层结构为条带状、层理状为主，多呈条带状。煤样的成分主要由亮煤和暗煤两部分组成，其中镜煤分别呈条带状、透镜状和层理状。煤层的节理和割理的发育程度是煤层的渗透率高低的关键因素。

图 3-13　煤层岩心样本取样

二、煤层裂隙类型

煤层是一种双重孔隙系统。煤层存在孔隙和裂隙，这些空间是煤层气储集和运移的通道。按照研究级别，可将裂隙分为节理、割理、裂缝等，节理也属断裂构造，是煤层中普遍发育的小型构造。因此认为节理是影响煤层气解吸、储集、运移的重要因素。煤层的割理在煤层中普遍发育，早期出现了系统裂隙。煤层割理以矩形网状和平行状为主，面割理规模较大。

总体上看，卡鲁盆地煤层气三个工作区块的割理在煤层中分布相对均匀，但在剖面上常呈束状和组状产出。从微观上来讲，煤层的煤岩类型是以丝炭质暗亮煤为主。

第四节　非洲卡鲁盆地煤岩显微组分演化

在煤的有机物组成中，组分是影响裂隙发育的主要因素。在光学显微镜下能够识别出来的组成煤的基本成分通常称为显微组分，煤的显微组分可以分为镜质组、壳质组和惰质组等。镜质组是煤中最常见、最重要的显微组分，由成煤植物的木质纤维组织腐化和凝胶化作用形成。煤层有内生裂隙和割理的煤岩组分。变质程度相近的煤，有机组分不同，裂隙发育也不同。

从已掌握的数据资料分析来看，卡鲁盆地煤层在二区块镜质组含量为 56%～

77%，一区块、三区块的镜质组含量为 95%～98%。通常情况下，煤层镜质组含量越高，生气潜力越大，根据资料可以判定镜质组占有机显微煤岩组分的绝大部分。由此可见，煤层具有镜质组含量高、热演化程度高、生气量高的特点。

煤岩演化程度，通常是指煤层的成熟度。煤岩演化过程中的构造变形和应力场变化影响着煤层气的运移、赋存状态，从而影响着煤层气的富集成藏。煤炭在煤化作用过程中生成大量的气体，煤层气是煤炭在成煤和演化过程中生成，以甲烷成分为主，并以游离、吸附、溶解状态赋存于煤层中。

卡鲁盆地二区块的 C-1—C-4 井的 R_o 为 0.09%～0.9%，煤岩演化程度较低，成熟度低；而一区块的 C-6 井的 R_o 为 1.55%，煤岩演化程度较高，成熟度高，达到中煤阶焦煤阶段。无机组分含矿物基中，黏土含量为 28%～30%，所以该区域的煤层原煤灰分含量中等。二区块煤层为灰分含量为 21%～30%，一区块煤层灰分含量为 39%～43%，多数为低灰、中灰煤，个别见煤点为富灰煤。

总体而言，卡鲁盆地煤层的灰分含量最低为 15%，最高达到 43%，在主要可采煤层的灰分含量一般为 15%～23%。通常情况下，煤层随着煤的变质程度升高，煤灰分含量随之升高。煤层停止生气，煤层气藏能否形成决定于构造演化煤层抬升的上覆有效地层厚度。

第五节　非洲卡鲁盆地煤岩储层物理性质

煤层物性主要包括煤层的渗透率、孔隙度、温度、压力和密度。尽管煤层渗透率不参与煤层气资源量和储量计算，但它是控制煤层气开采的主要储层参数之一，直接影响着煤气井产量和采收率。渗透率对煤层气产量的影响主要表现在气产量峰值的高低和出现的时间。

孔隙度对煤层气影响最大的是煤层割理，而割理的发育程度又决定了煤层的渗透率。对于渗透率低于下限值(0.1～0.3mD)的煤层，需要通过实施水力压裂来提高煤层气产量。有多种方法可获取煤层渗透率，只有试井、产水量和产气量历史拟合方法求得的结果才反映近乎真实的煤层渗透性。

煤层温度和压力与煤层含气性、含气饱和度密切相关。根据朗缪尔等温吸附曲线，必须有足够的煤层压力为水和气体流动提供动力，并使煤层具有较高含气量。满足多、薄煤层的最小初始压力为 0.863～1.21MPa。因此，煤层压力不仅对煤层含气性和开采地质条件的评价十分重要，同时也直接影响采气进程中排水降压的难易程度。根据朗缪尔等温吸附曲线可知，在压力较低情况下，单位压降可排放出更多的煤层气，因此废弃压力非常重要。

一、煤层渗透率

煤层渗透率作为衡量多孔介质允许流体通过能力的一项指标，是影响煤层气生产量高低的关键参数,又是煤层中最难测定的一项参数。目前,国内矿区的煤层气抽排出率基本上平均达不到20%,所以,煤层采气率较低。渗透率的计算一直是煤层气渗透力学界关注的热点,通常可以运用含煤层气煤渗透率耦合方程式。

在煤层气开采过程中,煤储层压力下降,煤层渗透率也会发生变化,高压阶段随着压力下降,渗透率降低,当压力降到一定程度时,煤层解吸气量增加,煤层基质收缩率增大,煤层渗透率升高。因此,在分析煤层气地质特征时主要研究煤层的渗透率、孔隙率,研究影响煤层渗透率的因素,通常包括煤的孔隙结构及其破坏特性、地应力、煤层气压力、煤层气含量、煤层气吸附解吸特性、地温等[111,113,150-153]。

渗透率方程是通过温度、应变、煤层气压力,将温度场、渗透场、应力场充分耦合在一起,使渗透率也成为含煤层气的关键参数,该方程符合煤渗透率的变化规律。表示煤层气体积随煤层温度、煤层气压力和组分之间变化关系的方程,称为煤层气体状态方程。煤层气体的状态方程通常表示:

$$\rho_{\mathrm{g}} = \frac{MP}{RTZ}$$

$$\rho_{\mathrm{g}} = \frac{\rho_{\mathrm{n}} P}{P_{\mathrm{n}} Z}$$

(3-1)

式中,M 为气体分子相对质量;T 为煤层的热力学温度,K;R 为普适气体常数,R/M 为特定气体的气体常数;ρ_{g} 为煤层气压力为 P 时的煤层气密度,kg/m³;ρ_{n} 为标准状态时的煤层密度,kg/m³;P_{n} 为标准状态时的煤层气压力,$P_{\mathrm{n}}=0.10325$MPa;Z 为压缩因子,在温度变化不大情况下,值近似为1。

从卡鲁盆地现有的资料上来看,卡鲁盆地煤层的埋深与煤层气压力呈线性关系,地层主要是砂岩地层,盖封底板主要是砂岩。从地质构造上讲,该地区的煤层渗透率要高。

二、煤层的孔隙度

通常情况下,采用煤岩压汞、氦密度法和测井等方法来获取煤层孔隙度。本节主要参考构造条件对该区域煤层的孔隙特征分析。煤层通常发育基质孔隙和裂缝孔隙,构成双重孔隙。基质孔隙是煤层气的赋存空间,裂隙对煤层气的运移非常重要。

煤层含有复杂的孔隙-裂隙双重介质,煤的孔隙发育程度通常用孔隙率来衡量,其数值大小是决定煤的吸附、渗透和强度性能的重要因素,所以,煤的孔隙在很大程度上决定了煤层气的聚集和运用特性。

三、煤层的地温

煤层的储层温度一般可以通过钻井、测井来取得数据,煤层的温度直接影响含气量，一般来讲，煤层的埋深增大，煤层的温度越高。

由图 3-14 可以看出，二区块 C-1 井的温度梯度为 63.8℃/1000m，C-4 井的温度梯度为 59.8℃/1000m，二区块 C-1 井的温度梯度高于 C-4 井。如图 3-15 和图 3-16 所示的二区块 C-1 井的 Bira 煤层埋深为 260～305m，温度梯度偏高，大约为 174℃/1000m，C-4 井在 330～430m 深度段，温度梯度偏高，但远远低于 C-1 井温度梯度高值。

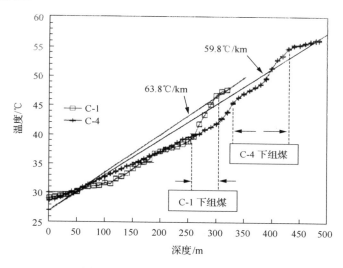

图 3-14　二区块煤层温度梯度曲线

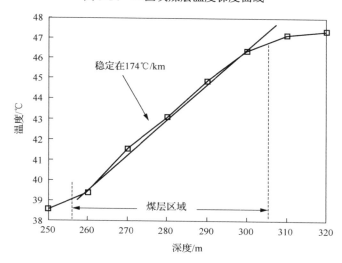

图 3-15　二区块 Bira 煤层 C-1 井温度

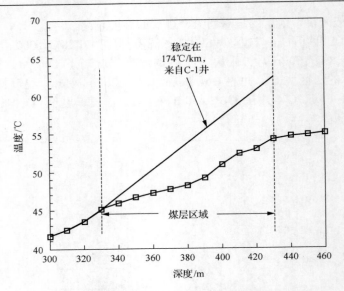

图 3-16　二区块煤层 Bira 煤层 C-4 井温度

如图 3-17 所示白天和晚上井口地表温度特征，在七月份温度最低，在九月底十月初温度最高，白天比晚上一般高 10℃。

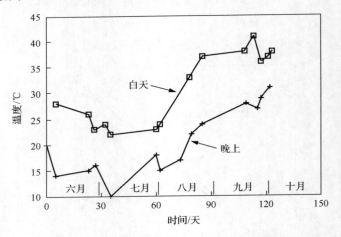

图 3-17　二区块白天和晚上井口地表温度特征

四、煤储层压力

煤储层压力是指煤层孔隙中的流体，通常包括气体和水的压力，储层压力可以通过试井、测井获得，通常随着煤层深度增加，煤层的压力也增大。煤储层压力对煤层气含量、气体赋存状态起着重要作用。在煤层气开采过程中，根据这一原理，通过排水降低储层压力进行采气。在现实中，煤层的原始煤的储层压力差别普遍较大，而且还受到各种因素影响，例如，煤层区域的水文地质条件、埋深、气含量、地应力等诸多因素。

从已有测试成果可以看出，卡鲁盆地煤储层压力普遍较高，并且显示随煤层埋深的增加，储层压力增高，下部煤层高于上部煤层。通常情况下，我国大部分煤层储层压力为 0.6～4.0MPa，只有少数矿井和煤层埋深为 750～1100m 时出现高压区，储层压力在 5.0～9.5MPa。而美国一些盆地煤层在 700～900m 深处，储层压力可达 6.6MPa，例如，美国圣胡安盆地在 922m 处可达 8.8MPa。

第六节 非洲卡鲁盆地煤层含气性特征

煤层含气量是煤层气项目经济评价的一个重要指标，阿巴拉契亚盆地和黑勇士盆地的煤层气商业开发要求煤的最低含气量。煤层含气量因盆地而异，一般来说，煤阶越高，埋藏越深，含气量越高。同时，煤层含气量还受煤层灰分、水分和显微组分等因素影响。在一个盆地内，在其他条件相似的情况下，常常优选煤层含气量高的地区进行投资，由于含煤盆地内或煤层气田内煤层煤阶和灰分等性质的变化，常常导致同一煤层内含气量不均一，这就需代表性采样，从而较为准确地估算整个煤层的含气量。

一、煤层气气体成分

煤层气的含气气体成分通常是指含甲烷的浓度，煤层气的含量随煤变质程度的增高而增加，煤产生了接触变质作用，使煤的变质程度大大提高，从而增加了煤的生气能力。River Gas 公司在阿拉巴州开发煤层气之前取了 9705.58m 的煤岩心。煤层厚度、含气量及含气饱和度这三个参数可由煤层气地质丰度来表示。

如图 3-18 所示，由南非科学与工业研究理事会对卡鲁盆地煤层气气体成分进行测试并分析结果，分析了甲烷、氮气、二氧化碳和其他气体成分，气体成分主要以甲烷为主，占 86.0%；其次为氮气，占 7.7%；二氧化碳占 5.2%。

二、等温吸附特征

煤层的等温吸附曲线图可以近似地反映在等温储层煤层气的吸附量与压力的关系，可以利用实测储层压力求得理论最大含气量，利用实测含气量求得临界解吸压力，可以求出废弃含气量，进而求得出气的含气量。

卡鲁盆地二区块 C-4 井的煤层气测试资料等温吸附曲线如图 3-19 所示，由美国乌鸦岭测试中心进行数据测试。二区块 C-4 井等温吸附曲线的特征如下：C-4 井的 Bira 煤层的 S4-229 样品的煤层气含量较高，在 10m³/t 以上；而 C-4 井的 Tshale

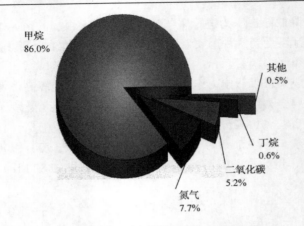

图 3-18　卡鲁盆地煤层气成分结构

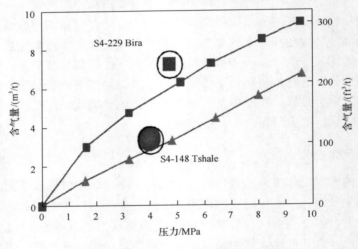

图 3-19　二区块 C-4 井等温吸附曲线

$$1ft^3=0.0283168m^3$$

煤层的 S4-148 样品的煤层含气量在 6m³/t 以上。从图 3-19 中可以看出，曲线为上升趋势，估计煤层含气量相对较高。

　　在卡鲁盆地的二区块煤层气区域内，进行了等温吸附实验的测试工作。通过平衡高压等温吸附测试，各储层代表性实测平衡水等温吸附曲线如下：三个主要储层的等温吸附曲线变化形态基本一致，即在同等压力条件下储层对甲烷的吸附量大体一致，曲线平滑，渐变幅度稳定，在储层压力范围内无明显突变点。

三、对含气量影响因素分析

　　煤层厚度作为煤层气资源量和储量的主要评价参数，对含气量有重要的影响因素，即便在勘探阶段也是一个重要的参数，煤层的含气量决定勘探区块是否有开采价值。尽管含煤地层中一般都有砂岩层作为煤层顶底板，通过现今的煤层气含量与原生的含气量比较，可以看出大部分气体已经逸散。在漫长的地质历史中，它们以扩散、渗透等多种形式，通过煤层露头、顶底板岩石的风化裂隙、开放性的构造裂隙和断层等途径，逸散到围岩和大气中。卡鲁盆地煤层埋藏深度为600～1000m，是较为理想的埋深条件，不仅有利于该区域的煤层气保存，对于煤层气商业性开发更是理想的深度。

根据已有的资料研究表明，卡鲁盆地煤层厚度和稳定的气体含量，也是衡量该地区煤层含气量良好的指标，随着煤层埋深增加，含气量具有迅速增大的趋势。

卡鲁盆地煤层气成藏形成的主要因素，主要取决于丰富的煤炭资源、较高的煤层气含量、较好的物性条件和地质条件。另外，煤的有机质类型、煤岩组分含量和变质程度都会影响生气能力，卡鲁盆地煤层本身具有生、储同层的特点。

第七节　非洲卡鲁盆地水文地质特征

煤层气的富集与保存，除了要具有良好的封盖条件以外，还需要一个有利的水文地质条件。水文地质条件对煤层气成藏及富集具有一定意义，良好的水文地质条件，可以阻止煤层气的侧向运移，可以起到对侧向煤层气运移的封堵作用，形成水封堵型煤层气藏。良好的水动力封闭及地层水超压都有利于煤层气的吸附及富集，然而交替的水动力条件有可能打破吸附与溶解和游离气之间的平衡，使吸附气逐渐减少，影响煤层气的保存。

以美国圣胡安盆地为例，其主要煤层气产区为上白垩统水果地组，供水区位于盆地北及西北边缘圣胡安山脚下，泄水区主要在盆地西部圣胡安河谷地，煤层气富集区为盆地中北部水压势头较平缓的过渡带。圣胡安盆地煤层气勘探经验告诉我们：煤层气富集区都位于向斜盆地的翼部，整体水压势面较陡但局部平缓的地区，一般距供水区不太远，而距泄水区较远，可以是多个供水区的汇合处，但不能是多个泄水区的分支处，属地层水缓慢交替区或滞留区。即使相同的煤层构造环境，不同的水文条件也直接影响着煤层含气量及产量。

根据已有的水文地质资料，位于卡鲁盆地煤系 C-1—C-4 钻井煤层，该煤层共有四层含水层，分别是 Tshale 煤层底板 Ridge 砂岩含水层、Tshale 和 Bira 煤层之间的 Waterfall 砂岩含水层、Bira 煤层底板的 Lubimbi 砂岩含水层及 Sidage 砂泥互层含水层。

从煤层地质构造的研究结果来看，其中 Waterfall 砂岩层在 C-4 井附近尖灭，已形成滞留区，对煤层气起到一定的保存作用。而 Tshale 煤层底板的 Ridge 砂岩含水层和 Lubimbi 砂岩含水层对煤层气可能会起到破坏作用，对煤层气的保存不利。

对煤储层来说，围岩主要指煤层的顶底板岩石。煤层顶底板岩石的性质对煤层气的保存起着重要的作用，也是封堵煤层气的第一道屏障，是煤层围岩组合中最重要的岩层，其主要岩石类型主要由泥岩、碳酸盐岩、砂岩及泥岩等组成。煤层的地质构造对煤层气藏具有控制作用，特别是煤层的地质构造断层、褶曲等对煤层气的赋存都有一定的影响。

顶底板条件下，直接位于煤层之下的岩层称为煤层底板，而煤层的直接上覆岩层称为煤层顶板。煤层顶底板岩性是影响煤层气扩散的直接因素。如果煤层顶底板为致密的泥岩、砂质泥岩或碳酸盐岩隔水层，那么从煤层中扩散出去的气体就少，有利于煤层气在煤层中的保存与富集；如果煤层顶、底板岩性均是油页岩，其封盖能力较好，那么煤层的含气量较大；如果煤层顶、底板岩性为孔渗物性较好的砂岩，则从煤层中扩散出去的气体就多，不利于煤层气的保存与富集。

煤层的断层也可能截断煤层的接触关系，煤层如果和非渗透性岩石接触，就会阻止或减缓煤层气的运移，或者使断层成为通道，造成煤层气逸散。例如，美国圣胡安盆地水果地组煤层上覆的 Kirland 页岩是良好的盖层，能够有效地阻止煤层气的散失。

根据卡鲁盆地以往煤层钻孔资料来看，卡鲁盆地煤层的顶底板岩性多为泥岩、粉砂岩、碳质泥岩，通常煤层的渗透性差，这对煤层气的保存比较有利。

分析卡鲁盆地煤层气的地质概况和煤层特征，卡鲁盆地煤层的演化程度较低，属于气-肥煤阶段，成熟度高，渗透率高，煤层地质特征与中国"三低一高"的煤层特征相比，具有明显的差异性。

以二区块为例，主要有两套主力煤层：Tshale 煤层和 Bira 煤层，煤层总厚度较厚，达到 100m 以上，两套煤层在盆地东南部合并为一层，煤层埋深浅，一般在 700m 以浅。煤岩显微组分主要以镜质组为主，镜质组平均含量在 80%以上；灰分含量偏高，主要可采煤层的灰分含量为 15%～23%，属于高灰分煤；煤层含气量偏低，一般为 $2m^3/t$，等温吸附实验结果表明：卡鲁盆地的煤层的甲烷吸附性属中等。煤层保存条件相对较差，煤层顶底板以砂岩为主，两套煤层中间又是一套含水砂岩，对煤层气的保存不利，可能是导致该区块煤层含气量低的主要原因。

综上所述，从目前已掌握的资料来看，卡鲁盆地二区块煤层演化程度相对低、煤层埋深浅、保存条件差等因素导致了煤层含气量偏低，但一区块 C-6 井煤层埋深较深，含气量偏高，达到 $10m^3/t$ 以上，有待对其控制因素进行深入研究。

第四章 非洲卡鲁盆地煤层气资源预测

煤层气的资源量、资源类型等因素[111,113,149-151]，直接影响着煤层气的商业开发，为了更好地分析卡鲁盆地煤层气含气量特征及其影响因素，较准确地预测煤层气资源量。对卡鲁盆地三个区块的煤层气样品进行现场解吸实验，在三个区块的 C-1—C-4 井、C-5 井、C-6 井不同煤层层位，对 200 多个煤层样品进行了吸附实验。

第一节 非洲卡鲁盆地煤层气等温吸附实验

一、煤层气产出基本特征

煤层中的煤层气产出规律一般可以分为三个阶段：解吸—扩散—渗流，如图 4-1 所示。第一阶段是地层压力大于临界解吸压力时只有水产出。第二阶段是随压力降低地层压力小于临界解吸压力，有一定数量的气体解吸，气泡呈分散状态，水相对渗透率下降。第三阶段是两相流阶段，气泡连续，气相对渗透率增加，水相对渗透率降低，气井产量增加。

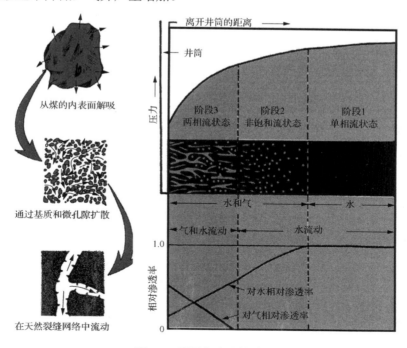

图 4-1 煤层气产出的过程

因此，在煤层气井生产过程中，首先进行排水降压措施，以达到煤层气解吸、产出。然后随着煤层的水产量不断下降，气产量出现上升—稳定—递减三个阶段。

二、等温吸附解吸实验

1. 等温吸附原理

1916 年，朗缪尔根据大量实验结果，建立了等温吸附理论[152,153]，是在以下的基本假设条件上提出的：①单分子层吸附；②固体表面均匀地吸附热；③被吸附在固体表面的分子横向之间无相互作用；④吸附平衡是动态平衡。朗缪尔方程的表达式为

$$y = \frac{abP}{1+bP} \tag{4-1}$$

为了通过线性回归求取吸附常数，可将式(4-1)转化为

$$\frac{P}{y} = \frac{P}{a} + \frac{1}{ab} \tag{4-2}$$

式(4-1)和式(4-2)中，y 为单位质量可燃物在煤层气压力 P 下的吸附量，m^3/kg。在式(4-2)中，以 P/y 为因变量，线性回归求出直线截距 $1/ab$ 和斜率 $1/a$，然后可求得吸附常数 a 和 b。

等温吸附实验采用的是通过高压容量法进行测量，以静压吸附方式，测定不同压力状态下的吸附瓦斯量，根据朗缪尔方程，利用最小二乘法计算吸附常数 a 和 b，并计算相应压力下的瓦斯含量。根据吸附实验得到的不同温度时的瓦斯吸附常数，并汇出吸附常数 a、b 随温度 T 的变化曲线。吸附常数 a、b 与温度 T 的关系科分别用二次函数和线性方程表示：

$$\begin{cases} a = m_1 T^2 + m_2 T + m_3 \\ b = n_1 T + n_2 \end{cases} \tag{4-3}$$

式中，m_1、m_2、m_3、n_1、n_2 为实验拟合系数。针对该实验，吸附常数 a、b 与温度 T 的关系可分别用二次函数和线性方程表示：

$$\begin{cases} a = -0.0031T^2 + 0.2297T + 26.841 \\ b = -0.0157T + 1.6798 \end{cases} \tag{4-4}$$

修正的瓦斯含量方程，当不考虑温度对吸附常数的影响时，煤层瓦斯总含量方程为

$$Q = \left(\frac{abcP}{1+bP} + \varphi \frac{P}{P_n} \right) \rho_n \qquad (4\text{-}5)$$

其中

$$c = \rho \frac{1}{1+0.31M} \frac{100-A-M}{100} \qquad (4\text{-}6)$$

式中，Q 为单位体积含瓦斯煤的瓦斯含量，kg/m^3；a 为单位质量可燃物在参考压力下的极限吸附量，m^3/kg；b 为吸附常数，MPa^{-1}；c 为煤质校正参数，kg/m^3；ρ 为煤的容积，kg/m^3；A 和 M 分别为煤的灰分与水分含量，%；φ 为孔隙率。

根据以上分析，把式(4-3)代入式(4-5)可得到与温度耦合的修正的瓦斯含量方程：

$$Q = \left[\frac{\left(m_1 T^2 + m_2 T + m_3 \right)\left(n_1 T + n_2 \right) cP}{1 + \left(n_1 T + n_2 \right) P} + \varphi \frac{P}{P_n} \right] \rho_n \qquad (4\text{-}7)$$

2. 煤层岩心取样

煤的吸附能力受多种因素的影响。图 4-2(a)～(d)是分别来自卡鲁盆地煤层的

(a)　　　　　　　　　　(b)

(c)　　　　　　　　　　(d)

图 4-2　煤层岩心样本取样

煤样，对卡鲁盆地各个区块的煤层进行了全采样，采用常规方法采煤岩心，进行现场取心、现场装罐。为保证数据的准确性，对一些样品进行了如下处理：用洁净的专用取煤管将煤样提到地面，锯开煤岩进行取样，这样做可以使煤样的损失不大。

煤层岩心的采样，是用一台钻机在卡鲁盆地煤层进行钻探，钻孔的含水层距离钻井泵几百米远，借用重力将水泥灌入固定。煤层岩心取出后，将处理好的干燥煤样准备就绪，总共有 175 个煤样本被装进 110 个解吸附样本眠罐中，真空脱气，用热恒温水槽加热器进行加热，专门用于解吸温度测试。

3. 实验步骤及方法

在取心过程中，随着煤心上提压力逐渐降低，在煤中吸附的气体会不断向外解吸。最初在钻井取两天的样品，使用 2L 量筒倒在水里，容器被转移到恒温水槽，使用浮动 1L 量筒的方法进行测量。采用美国矿务局的测量办法进行估算，以提高数据测量的准确性。解吸实验在另一个矿区得到了量筒实验结果，大约提前 3 周完成测试，温度增加 60～65℃，看到一定量的气体仍包含在样本中，标本随后被测重，它们的体积采用浸没式测量，这样可以计算密度。

汇总钻井所有的数据后，每个样品的完整的气体测量的数据完成，还有一些样品仍然要做进一步分析，确定等级、灰分含量等。

第二节　非洲卡鲁盆地二区块含气量特征

一、煤层解吸特征

对二区块的 C-1—C-4 钻井的四口井在不同煤层、不同深度段，分别进行了解吸实验分析。下面对各个实验成果进行分析，探讨煤层的解吸特征及含气量影响因素。

图 4-3 和图 4-4 分别是二区块 C-3 井的 Tshale 煤层解吸曲线图，共解吸了 120 天，最终解吸气含量都达到了 2.5m³/t，但二区块 Tshale 煤层的 345.93～346.37m 深度段，前 20 天煤层解吸气迅速增加，然后慢慢解吸，气量较平稳。而 Tshale 煤层的 332.9～333.9m 深度段，解吸气量一直保持缓慢增大趋势。

图 4-5 和图 4-6 分别是二区块 C-3 井的 Bira 煤层解吸曲线图，共解吸了 100 天，Bira 煤层的 405.72～406.72m 深度段解吸气含量都达到了 2.8 m³/t，Bira 煤层的 409.86～410.8m 深度段解吸气含量都达到了 4.2 m³/t。S3-187 样品解吸气量开始增大较快，然后慢慢变平缓，比 S3-180 样品解吸气效果好。

图 4-7 和图 4-8 分别是二区块 C-4 井的 Hankano 煤层和 Clayranch 煤层解吸曲线图，解吸了 70 天，两条曲线有个共同的特点，解吸气含量开始时缓慢增加然后较平稳出气。Clayranch 煤层解吸气较好，解吸气量达 6m³/t，Hankano 煤层解吸气含量达到了 4.1m³/t。

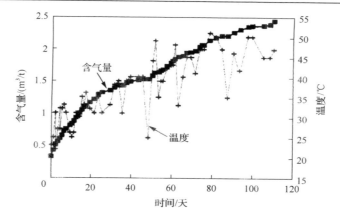

图 4-3　二区块 C-3 井 Tshale 煤层 345.93～346.37m 段的解吸曲线

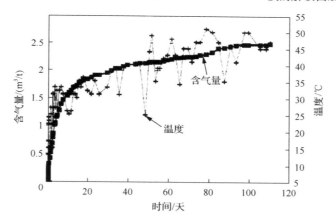

图 4-4　二区块 C-3 井 Tshale 煤层 332.9～333.9m 段的解吸曲线

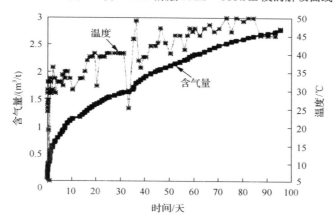

图 4-5　二区块 C-3 井 Bira 煤层解吸曲线（S3-180，405.72～406.72m）

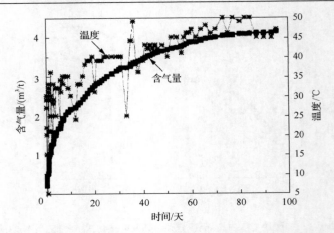

图 4-6　二区块 C-3 井 Bira 煤层解吸曲线(S3-187，409.86～410.8m)

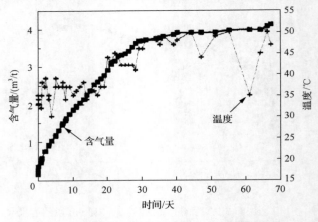

图 4-7　二区块 C-4 井 Hankano 煤层解吸曲线

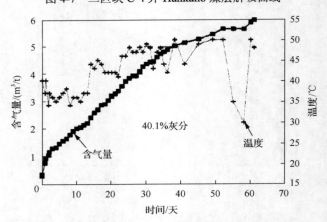

图 4-8　二区块 C-4 井 Clayranch 煤层解吸曲线

图 4-9～图 4-11 分别是二区块 C-4 井的 Tshale 煤层不同深度段样品解吸曲线图，解吸了 60 天。S4-144 样品解吸气含量低，为 0.7m³/t；S4-148 样品解吸气效果较好，含气量达到了 3m³/t，而 S4-172 样品解吸气含量也呈增大的趋势，解吸气含量达到 2.53m³/t。

图 4-12～图 4-14 分别为 C-4 井的 Bira 煤层不同深度段样品解吸曲线图。除了 S4-239 样品，其他样品解吸气含量曲线特征相似，开始解吸速度增加较快，然后慢慢变平缓，最终解吸气含量达到了 3～6m³/t；S4-239 样品解吸气效果差，含气量达到了 0.8m³/t。

图 4-15～图 4-20 均说明的是煤层温度对解吸气量的影响。以二区块 C-3 井和 C-1 井煤层的 S3-187 样品为例，在解吸最初阶段，解吸罐温度受气温的影响较大，在一定程度上也影响了解吸速度。在白天气温高，解吸速度较快，而晚上气温降低，降低了解吸气速度。但从整体来看，煤层温度对解吸气量的影响不大。

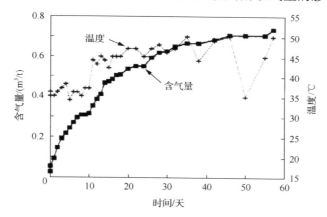

图 4-9　二区块 C-4 井 Tshale 煤层解吸曲线（S4-144 样品）

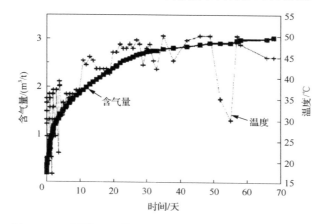

图 4-10　二区块 C-4 井 Tshale 煤层解吸曲线（S4-148 样品）

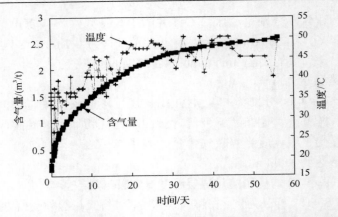

图 4-11　二区块 C-4 井 Tshale 煤层解吸曲线（S4-172 样品）

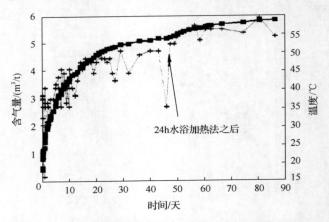

图 4-12　二区块 C-4 井 Bira 煤层 24h 加热后解吸曲线

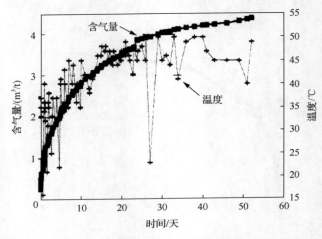

图 4-13　二区块 C-4 井 Bira 煤层解吸曲线

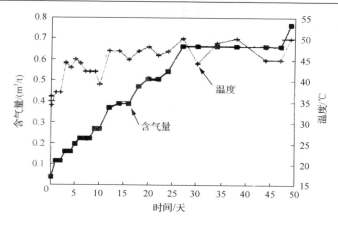

图 4-14　二区块 C-4 井 Bira 煤层解吸曲线（S4-239 样品）

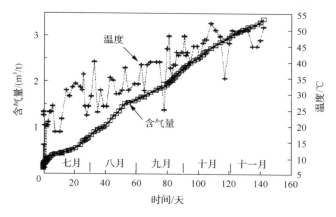

图 4-15　二区块 C-3 井煤层连续 140 天温度升高对解吸气量的影响

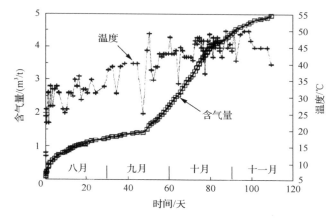

图 4-16　二区块 C-3 井煤层在 60 天附近吸附气量加大

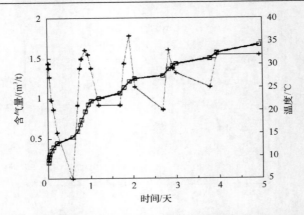

图 4-17　二区块 C-3 井煤层初始阶段温度对解吸气量的影响

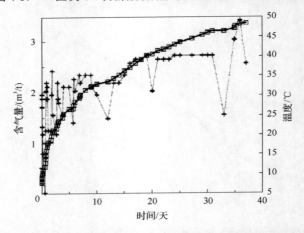

图 4-18　二区块 C-3 井煤层中间阶段温度对解吸气量的影响

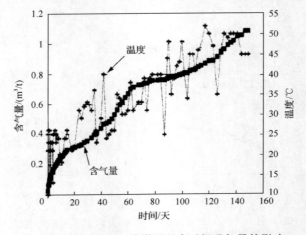

图 4-19　二区块 C-3 井煤层温度对解吸气量的影响

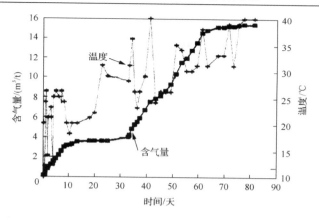

图 4-20　二区块 C-1 井煤层连续 80 天温度对解吸气量的影响

二、解吸影响效果分析

对含气量影响因素分析，本节从煤层埋深、煤岩煤质(灰分含量)等参数进行了分析。图 4-21 是二区块 C-2 井、C-3 井、C-4 井的煤层含气量随埋深变化的关系，随着深度的增加，C-2 井、C-3 井、C-4 井的煤层含气量都有增大的趋势，在 300m 以浅煤层含气量一般在 $2m^3/t$ 以下，而在 300m 以深，煤层含气量变化较大，变化范围为 $0\sim7m^3/t$，C-4 井的含气量一般高于 C-2 井、C-3 井的含气量。

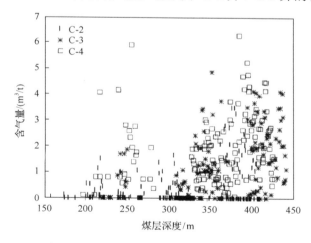

图 4-21　二区块 C-2 井、C-3 井、C-4 井煤层含气量随埋深变化的关系

图 4-22 为煤层灰分对含气量的影响，从二区块 C-2 井、C-3 井、C-4 井煤层的数据分析看，随着灰分含量的增加煤层含气量呈减少趋势。灰分含量小于 70% 时，煤层含气量在 $0\sim6m^3/t$ 范围内变化，一般为 $2m^3/t$ 左右。当灰分含量为 90%，煤层含气量几乎为 0。

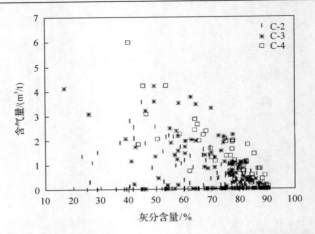

图 4-22　二区块 C-2 井、C-3 井、C-4 井灰分对含气量的影响

图 4-23 是二区块 C-2 井煤层含气量与煤层埋深的关系。Hnk/Cly 煤层埋深在 270m 以浅，含气量一般小于 1m³/t；Tshale 煤层埋深为 290～350m，煤层含气量为 0～3m³/t，一般为 1m³/t；Bira 煤层埋深为 360～430m，煤层含气量为 0～4m³/t，一般为 2m³/t。整体来看，煤层含气量随埋深增大而增大。

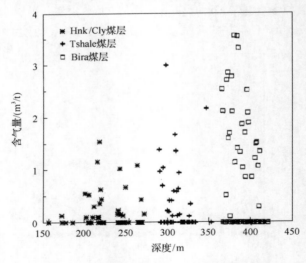

图 4-23　二区块 C-2 井煤层含气量与煤层埋深关系

从二区块 C-2 井含气量与灰分含量分析看（图 4-24），Bira 煤层灰分含量相对较低，为 20%～70%，而含气量较高，为 0～4m³/t；而 Hnk/Cly 煤层和 Tshale 煤层的灰分含量较高，为 60%～90%，含气量一般小于 1m³/t。

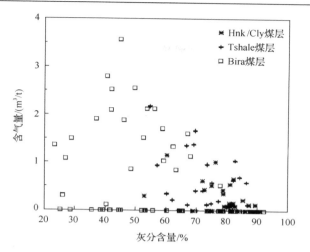

图 4-24　二区块 C-2 井煤层含气量与灰分含量关系

图 4-25 是二区块 C-3 井煤层含气量与灰分含量的关系图。从三层煤层的灰分和含气量关系看，灰分含量和含气量关系不是很明显。灰分含量为 20%～90%，含气量为 0～7m³/t，当灰分含量达到 90%时，含气量几乎为 0。

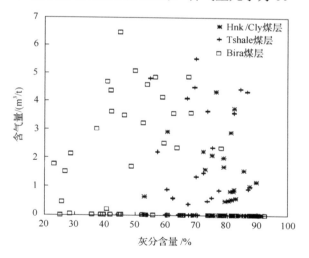

图 4-25　二区块 C-3 井煤层含气量与灰分含量关系

图 4-26 是二区块 C-4 井煤层埋深与灰分含量的关系图。灰分含量随煤层埋深增加有减小的趋势，但变化趋势不是很明显，埋深增大时，灰分含量值的变化范围加大。例如，深度为 400m 时，灰分含量为 20%～90%；而深度为 150m 时，灰分含量为 80%～90%。

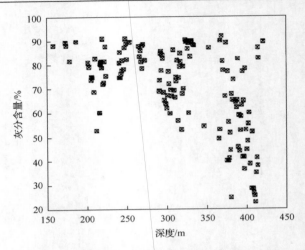

图 4-26　二区块 C-4 井煤层埋深与灰分含量关系

图 4-27 是二区块 C-3 井煤层含气量与煤层埋深的关系图。随着煤层埋深增加，煤层含气量变化值范围加大。Hnk/Cly 煤层埋深在 270m 以浅，含气量一般为 0～2m^3/t；Tshale 煤层埋深为 290～350m，煤层含气量为 0～5m^3/t，一般为 2m^3/t；Bira 煤层埋深为 360～430m，煤层含气量为 0～4.5m^3/t，一般为 2～3m^3/t。

从二区块 C-3 井含气量与灰分含量分析可以看出（图 4-28），Bira 煤层灰分含量相对较低，灰分含量为 20%～70%，而含气量较高，为 0～4m3/t；而 Hnk/Cly 煤层和 Tshale 煤层的灰分含量较高，灰分含量为 60%～90%，含气量一般小于1m^3/t。整体来看，灰分含量越高，含气量越低。

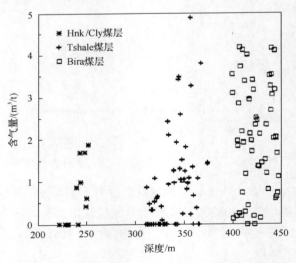

图 4-27　二区块 C-3 井煤层深度与含气量关系

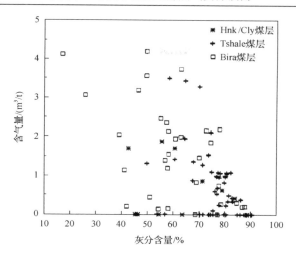

图 4-28　二区块 C-3 井煤层含气量与灰分含量关系

图 4-29 是二区块 C-3 井煤层含气量与灰分含量的关系图。从 C-3 井三层煤层的灰分含量和含气量关系看,灰分和含气量关系不是很明显。灰分含量在 40%~90%变化,而含气量在 0~12m³/t 变化,当煤层灰分含量达到 90%时,含气量几乎为 0。

图 4-30 是二区块 C-3 井煤层埋深与灰分含量的关系图,灰分含量与煤层埋深的关系不是很明显。埋深为 210~260m 时,灰分含量为 40%~90%;埋深为 310~360m 时,灰分含量为 50%~90%;埋深为 400~450m 时,灰分含量为 15%~90%。例如,在煤层 400m 深度时,灰分含量为 50%~90%,而在煤层埋深为 450m 时,灰分含量为 15%~40%。

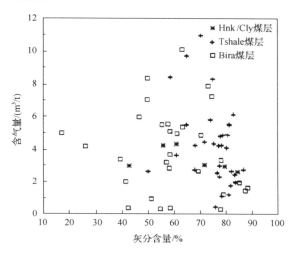

图 4-29　二区块 C-3 井煤层含气量与灰分含量关系

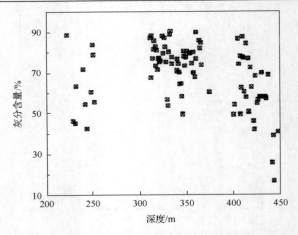

图 4-30　二区块 C-3 井煤层埋深与灰分含量关系

　　图 4-31 是二区块 C-4 井煤层含气量与煤层埋深的关系。通常情况下，随着深度增加，煤层气的压力加大，煤的吸附量随之增加，而在二区块 C-4 井煤层含气量随埋深变化的趋势不明显，在图中可以看到 Hnk/Cly 煤层埋深在 300m 以浅，含气量为 $0\sim6m^3/t$，一般 $1\sim3m^3/t$；Tshale 煤层埋深为 $290\sim350m$，煤层含气量为 $0\sim4m^3/t$，一般为 $2m^3/t$；Bira 煤层埋深为 $360\sim430m$，煤层含气量为 $0\sim7m^3/t$，一般为 $3m^3/t$。

　　从图 4-32 二区块 C-4 井含气量与灰分含量分析看，灰分含量越高含气量越低。Bira 煤层灰分含量相对较低，为 $40\%\sim50\%$，含气量较高，为 $2\sim4m^3/t$；而 Hnk/Cly 煤层和 Tshale 煤层的灰分含量较高，为 $40\%\sim90\%$，含气量为 $0\sim6m^3/t$，一般 $0\sim3m^3/t$。

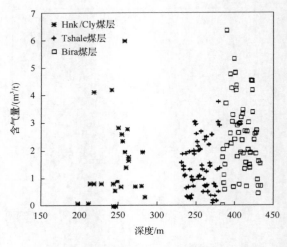

图 4-31　二区块 C-4 井煤层埋深与含气量关系

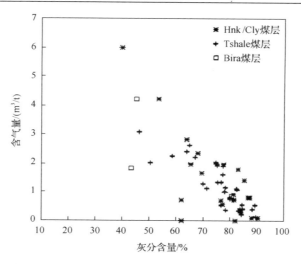

图 4-32　二区块 C-4 井煤层含气量与灰分含量关系

总之，从二区块 C-1—C-4 井分析数据看，煤层含气量随埋深增加有增大趋势，而随灰分含量增大有减小的趋势，但灰分达到 90%，几乎不含气体。

第三节　非洲卡鲁盆地三区块含气量特征

一、解吸曲线特征

为了获得实验的准确数据，该实验使用专用于解吸温度测试仪器电热恒温水槽加热器进行温度测量，并把仪器安装在与钻井海拔高度一样的位置，仪器放在 Lupane 地区的一间出租屋中。

图 4-33 中阴影部分指的是三区块煤层 C-5 井的位置。为了揭示该区块煤层含气量特征，对三区块 C-5 井的煤层埋深 702m 以内，由浅到深进行取样，先后取了 175 个煤样品，分别装进 110 个样本解吸罐里进行解吸。

最初在钻井中，每一两天样品使用 2L 量筒倒立在水里，减少的气体采用美国矿务局的测量办法进行估算。容器被转移到恒温水槽，使用浮动 1L 量筒的方法进行测量，以提高较小的数据测量的准确性。

实验过程中，对岩心煤样分析显示的是 175 个煤层样品的解吸实验结果，由于数据较多，为了更好地展示成果，本节对 175 个煤层样品实验结果，分为 6 组分别进行对比分析。

煤层样品解吸曲线变化趋势相似，先后共解吸了 100 天，其中大约在前 15 天，煤层解吸气速度增加较快，而 15 天以后，煤层出气速度缓慢地增加。

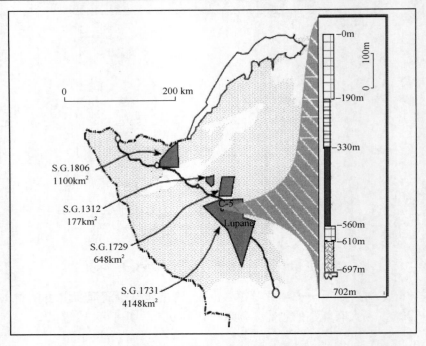

图 4-33　三区块 C-5 钻井的位置

二、含气量影响因素分析

为了寻找 C-5 井煤层解吸气量低的影响因素，本节从煤层埋深、煤岩煤质等方面进行分析。

图 4-34 表明在解吸时间为 10～20 天时，大部分样品气体被解吸出来。

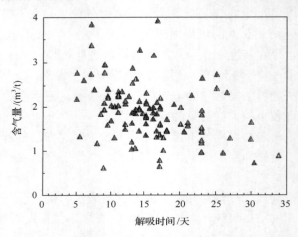

图 4-34　三区块 C-5 井煤层解吸时间与含气量的关系

图 4-35 说明的是从埋藏深的样品先解吸，埋藏浅的样品后解吸出气。

图 4-36 说明的是随煤层埋深的增加，煤层含气量一般呈增大趋势。但在同一个深度段煤层的含气量数值变化较大。三区块整体含气量为 0.8～5m³/t。

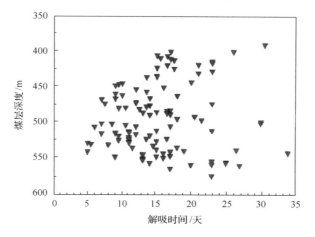

图 4-35　三区块 C-5 井煤层解吸时间与深度的关系

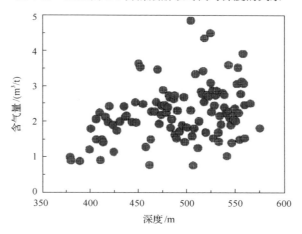

图 4-36　三区块 C-5 井煤层深度与含气量的关系

图 4-37 和图 4-38 说明的是煤层密度与含气量和解吸时间的关系。密度与含气量有一定的线性关系，随着密度的增大，煤层含气量降低。但解吸时间与密度关系不明显。

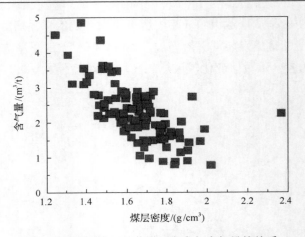

图 4-37　三区块 C-5 井煤层密度与含气量的关系

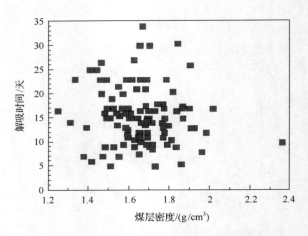

图 4-38　三区块 C-5 井煤层密度与解吸时间的关系

图 4-39 说明的是三区块煤层的正常含气量与灰分和埋深的关系，灰分越高含气量越低，含气量与埋深关系不明显，从整体看，随煤层埋深增大，煤层含气量呈增大的趋势。

图 4-40 是二区块 C-2 井、C-3 井、C-4 井和三区块 C-5 井的煤层含气量对比图。三区块 C-5 井煤层含气量低于其他井的含气量。二区块 C-4 井的含气量最高，最高达到 $8m^3/t$，有随煤层埋深加深有增大的趋势。

图 4-41 是利用密度曲线对二区块 C-4 和三区块 C-5 井的煤层厚度进行预测。截取的密度值范围越大，煤层厚度越厚。当截取密度值小于 $1.75g/cm^3$ 时，煤层厚度约为 20m。当截取密度值小于 $2.25g/cm^3$ 时，三区块 C-5 井预测煤层厚度约为 100m，二区块 C-4 井预测煤层厚度约为 80m。

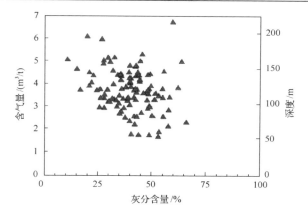

图 4-39　三区块 C-5 井含气量与灰分和埋深的关系

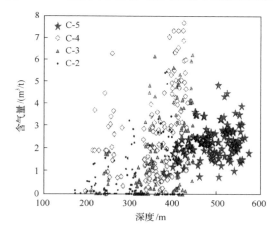

图 4-40　C-2 井、C-3 井、C-4 井和 C-5 井的煤层含气量对比

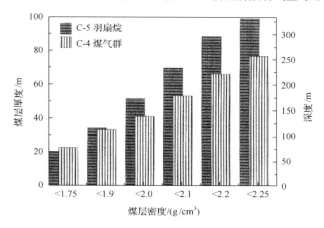

图 4-41　利用密度曲线预测 C-4、C-5 井的煤层厚度

第四节　非洲卡鲁盆地一区块含气量特征

一、等温吸附解吸曲线

对一区块 C-6 井的 43 个样品进行了解吸实验。解吸曲线差别较大，煤层的顶底部含气量较低，一般小于 2m³/t，气体解吸缓慢。

煤组中部含气量较高，达到了 12m³/t，在解吸前 10 天，煤层解吸气量迅速地增大，出气效果非常好。

二、含气量影响因素分析

一区块 C-6 井煤层含气量的主要影响因素是煤层埋深、煤层顶底板的岩性及保存条件。

对样品的含气量结果进行了合理的校正，校正结果如图 4-42 所示。一区块

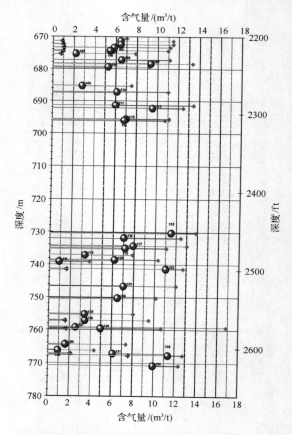

图 4-42　煤层样品的含气量校正

C-6 井的煤层含气量较高，为 1～12m³/t，一般煤层含气量为 6m³/t。

图 4-43 展示的是灰分含量对样品吸附气的影响。在前 20 天，不论灰分含量高低，大部分样品对气体已吸附饱和。只有五个样品仍处于吸附状态。看来，灰分含量对煤层的吸附时间没有太大的影响。

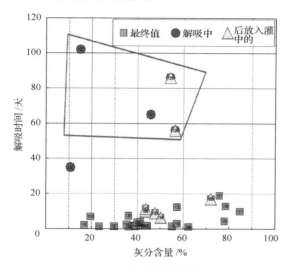

图 4-43　灰分含量对样品吸附气的影响

总之，一区块 C-6 井的煤层含气量与煤层密度有很好的线性关系，煤层含气量较高与深度关系不是很大，煤层一般吸附时间为 10 天。

第五节　非洲卡鲁盆地煤层气资源预测

一、资源量计算方法和计算对象

1. 计算方法

在煤层气技术可采资源量的计算过程中，不论是气藏数值模拟法，还是损失分析法，代入模型和公式中的各参数值必须是确定的数值，而不能是逻辑符号或区间值。有些参数是可以准确测量的，如区块面积、煤层厚度、含气量等；而有的参数是很难准确测量的，如煤层的渗透率、煤层气采收率等。在深入的机理研究及国内外煤层气勘探开发实践调研分析的基础上，对不易准确测量的重要煤层气参数，包括煤层渗透率、煤层气采收率和褐煤含气量，笔者建立了较规范的确定方法，以满足煤层气技术可采资源量预测工作的需要。

2. 煤层渗透率统计预测方法

煤层渗透率是描述气、水等流体在煤储层中渗流性能的储层参数。煤层渗透率的高低直接决定煤层气的运移和产出，是影响煤层气井产量和资源采收率的主要储层参数。煤层渗透率的大小取决于煤层中裂隙(割理)的多少和开启程度、连通性等。煤层渗透率的测定方法主要有煤(岩)样品实验室测试法、压力瞬时分析法(注入-压降试井法、钻杆地层测试法、段塞实验法和水箱实验法等)，以及煤层气井生产数据历史拟合法等。在煤层气可采资源量计算和煤层气井产量预测的公式及模型中，煤层渗透率是不可缺少的参数，而且不能只是一个定性评估，必须是一个确定的数值。由于煤储层的非均值性十分明显，加之采样和制样过程中人为裂缝的产生及煤(岩)样品体积小、代表性差等原因，用煤(岩)样品实验室测试煤层渗透率的方法在生产实践中很少应用。在我国，目前用来评估煤储层渗透率的数据，绝大部分是通过注入-压降试井法获得的。虽然用注入-压降试井法获得的渗透率可以从整体上反映煤储层渗透率的变化趋势，但由于种种原因得到的渗透率值存在着较大误差，并不能代表煤层渗透率的真实情况。历史拟合方法所确定的渗透率在各种方法中是相对较准确的，可以代表煤储层的真实渗透率，但受煤层气勘探开发程度的限制，不能广泛使用。为了满足工程需要，本节提出煤层渗透率的统计预测方法，即根据试井测试的煤层渗透率的统计变化规律，利用历史拟合方法确定的煤层渗透率变化幅度，对试井渗透率进行校正，从而确定未勘探地区的煤层渗透率。

科学研究和生产资料均表明，在内在因素一定的条件下，地应力对煤层渗透率的影响最显著。裂隙是煤层气在煤层中运移的主要通道，是煤储层具有渗透率的先决条件，可以说如果没有裂隙存在，煤储层就不会有好的渗透性。但是，即便有裂隙存在，煤储层也不一定就有好的渗透性，其渗透性还取决于裂隙的开启程度。裂隙的开启程度主要取决于有效应力的大小，所谓有效应力是垂直地应力与地层压力之差。

煤层气地质储量是指在原始状态下赋存于已发现的，具有明确计算边界的煤层气藏中的煤层气总量。计算煤层气资源量通常使用体积法，体积法是煤层气资源评价计算地质储量的基本方法，适用于各个级别地质储量的计算。其储量计算基本公式为

$$G_i = \sum_{j=1}^{n} A_j \cdot \bar{h}_j \cdot \bar{D}_j \cdot \bar{C}_j \tag{4-8}$$

式中，n 为计算单元中划分的次一级计算单元总数；G_i 为第 i 个计算单元的煤层气地质资源量，亿 m^3；A_j 为第 j 个次一级计算单元的煤储层含气面积，km^2；$\bar{h}_j$ 为第 j 个次一级计算单元的煤储层平均厚度，m；$\bar{D}_j$ 为第 j 个次一级计算单元的煤储层平均视密度，g/cm^3；$\bar{C}_j$ 为第 j 个次一级计算单元的煤储层平均含气量，m^3/t。

3. 计算对象

根据研究区煤储层分布和发育特征，由于卡鲁盆地勘探程度较低，已有钻孔和剖面资料主要集中在盆地的北部，不能从整体上把握煤层的分布特征，但从三个区块来看，煤层埋深一般在 700m 以浅，因此分别对卡鲁盆地三个区块为计算单元进行埋深 1000m 以浅的煤层气资源量计算。

二、资源量关键参数确定与计算

1. 煤层含气量的确定

煤储层含气量的确定一般有以下四种方法：实测法、类比法、递推法、地质综合分析法。本书有大量的解吸数据，在结合地质综合分析法，确定了不同计算单元的煤层气含气量值如表 4-1 所示。

表 4-1 钻井煤心含气量测定统计

井号	样品总数	其中含气样品数	占比/%	备注
C-2	158	37	23	最高 5.51m^3/t
C-3	129	66	51	最高 6.30m^3/t
C-4	143	124	87	最高 18.70m^3/t
C-5	175	163	93	最高 4m^3/t
C-6	33	33	100	最高 11.51m^3/t
合计	638	423	66	

2. 煤层密度的确定

本书煤层气资源评价煤储层视密度主要根据研究区内收集的实际资料分析获得。如前所述，从已掌握的数据来看，卡鲁盆地煤层灰分含量高，鉴于煤层的密度偏高，因此该煤储层视密度取 1.75g/cm^3。

3. 煤层厚度的确定

本节煤层气资源量计算煤储层厚度取值方法主要包括以下几种方法。

（1）实测法：计算单元内有煤储层厚度实际数据且数据分布均匀时，采用实际煤层厚度数据的算术平均值作为该计算单元的煤储层厚度。

（2）类比法：计算单元内没有煤储层厚度数据，根据聚煤规律研究成果，与聚煤期沉积环境相类似的相邻计算单元类比，以确定该计算单元煤储层厚度。

（3）地质综合分析法：计算单元内没有煤储层厚度实际数据，相邻计算单元没有实际数据，则通过研究区煤层聚煤规律来确定该计算单元煤储层厚度。

总之，为了从整体上把握和控制煤层的分布，在结合钻孔揭露的煤层真实厚度的前提下，也可以参照煤层厚度等值线图提取煤层厚度计算值，以尽可能真实反映煤层厚度的整体变化特征为准。

4. 含煤面积计算结果

卡鲁盆地的煤层发育较稳定，在三个区块都有煤层的分布，因此三个区块的面积即为计算面积。

利用简单的面积换算计算了整个区块的原始地质储量。预测煤层气资源约 6650 亿 m^3，资源面积 6073.22 km^2，资源丰度 $1.1 \times 10^9 m^3/km^2$（表 4-2）。其中，三区块煤层气资源量最丰富，预测为 4360 亿 m^3，其次为一区块勘探区块，煤层气资源量预测为 1750 亿 m^3，资源丰度 1.47 亿 m^3/km^2。尽管二区块生产区块预测资源量少，为 540 亿 m^3，但预测面积小，资源丰度却最高，为 30 亿 m^3/km^2。总体来看，卡鲁盆地煤层气资源丰富，有很好开发潜力。

表 4-2　卡鲁盆地煤层气资源量预测

区块	类别	面积/km^2	估算气量/亿 m^3
二区块	勘探区块	648.06	—
	生产区块	177.5	540
三区块	勘探区块	4147.66	
	生产区块	105	4360
一区块	勘探区块	1100	1750
	生产区块	94	—
合计		6073.22	6650

三、卡鲁盆地煤层气资源的前景

为了更好地计算煤层气资源量，引进了 M4 的概念。M4 是 metres（of reservoir sample）× m^3gas/tonne 的缩写，也即 m^4/t。M4 的所有样本 corehole 综合，产生复合孔 M4 值。

无论气体含量的变化还是厚度变化，为快速与其他钻孔比较，较低的气体含量可能使解除吸附更慢。在厚煤的情况下，较低的含气量产生的气体量大于较高的含气量煤层。

对二区块 C-2 井、C-3 井、C-4 井进行 M4 计算，结果如图 4-44 所示。解吸时间延长到 6 个月、12 个月以后，二区块 C-4 井的 M4 值最高，解吸 12 个月时为 300m⁴/t；C-2 井最低，解吸到 12 个月时 M4 值为 95m⁴/t。

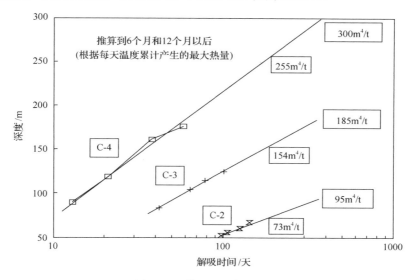

图 4-44　煤层吸解气量特征

对产气率有直接影响的相关因素是吸附时间，吸附时间是样品吸附气量达到 2/3 时所用的时间。在图 4-45 中对吸附时间为 5 天、100 天、365 天和 730 天四条

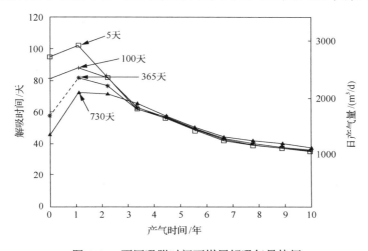

图 4-45　不同吸附时间下煤层解吸气量特征

曲线进行对比，吸附时间只对产气初期有影响，3 年后，产气率基本一致。尽管目前吸附时间对目前的煤层气井的产量有影响，是因为时间吸附时间小于 1 年的缘故。

　　　影响煤层气产率的另一个参数是煤层埋深。尽管较深的煤层有较高的含气量，但埋深较深的煤层通常具有高的储层压力和较低的渗透率。图 4-46 指出，在 457m 深的煤层有高的产气率和高的产气量。

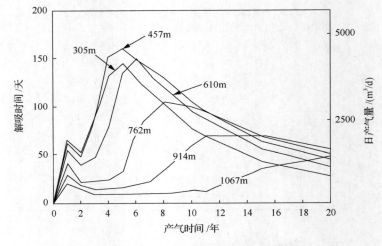

图 4-46　不同深度煤层解吸气量特征

　　　图 4-47 根据以上对产气量影响因素的分析，建立该区块的产量估算模型，对卡鲁盆地煤层气前景产量进行了模拟，卡鲁盆地煤层气资源前景比较乐观。产量曲线呈现增高—降低—大幅增高—缓慢降低的趋势。当开采煤层气第 6 年时，气产量将达到高峰，二区块 C-4 井的产气量最高，一天将产气 20000m³/t。

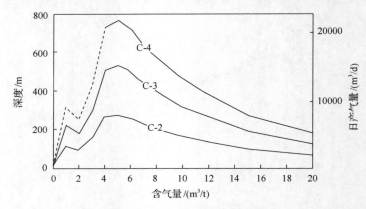

图 4-47　二区块煤层解吸气量特征

第六节　灰色系统法建模预测煤层气资源量

　　灰色系统理论是我国学者邓聚龙教授于 1982 年提出来的，为未来科学的研究提供了新的基本理论和基本方法。灰色系统理论认为，客观世界是物质的世界，也是信息世界，既有大量已有信息，也有不少未知信息，将已知信息称为白色信息，将未知信息称为黑色信息，将既有已知又有未知信息的系统称为灰色系统[154]。

　　众所周知，由于不确定因素，煤层地质勘探阶段煤层气的研究程度普遍较低，对于应用预测煤层气储量，通过理论分析和影响因素的研究，揭示某些特有的规律，但并没有完全搞清每个煤层的煤层气含量，尤其是中深部地区始终处于半已知状态，也可以说是灰色状态，运用灰色系统预测理论的应用成为可能，因此，煤层气储量的预测系统属于灰色系统。它是建立一种描述研究系统动态变化特征的模型，简称 GM(h, N) 模型，有多种模式和方法，每种模式各有其各自特点和适用范围。

　　其中 GM$(0, N)$，不含导数，是零阶 N 个变量基于生成函数 $X(1)$ 的非微分模型，属一种静态模型，适合于指标间的状态分析，很类似于多元线性的回归模型，但与一般的多元线性回归模型有着本质的区别，多元线性回归建模以大量的原始数据为基础，GM$(0, N)$ 的建模基础则是多元线性回归原始数据累加序列（1-AG0）。

一、构建煤层气藏储量模型

　　灰色系统法是对目标区仅知道某些零星分布的参数，通过寻找已知的参数之间的内在联系和发展规律，进而达到对未知领域的参数科学预测的目的。

　　例如：已知评价区的 n 组目标参数值，也知道了每一组的目标参数值，包括因素 1、因素 2、因素 3、……、因素 n，目前对 $n+1$ 组数据的影响因素也已知，但对 $n+1$ 组的目标参数值不明确。

　　此时，应用灰色系统的核心思想就是通过找寻第 1 组到第 n 组因素与需得到的目标参数的已知关系，综合分析各因素之间与目标参数值的内在联系，建立相关模型，最终根据 $n+1$ 组已知的各个因素值，应用相应的模型来进行预测，最终得出预测区的目标值。

　　设已知评价区的 n 组目标参数值 $X_1^{(0)} = \left(X_1^{(0)}(1), X_1^{(0)}(2), \cdots, X_1^{(0)}(N) \right)$ 为系统特征数据序列，即已知钻孔煤层气含量数据序列。其中

$$X_2^{(0)} = \left(X_2^{(0)}(1), X_2^{(0)}(2), \cdots, X_2^{(0)}(N) \right)$$

$$X_3^{(0)} = \left(X_3^{(0)}(1), X_3^{(0)}(2), \cdots, X_3^{(0)}(N) \right)$$

$$\vdots$$

$$X_N^{(0)} = \left(X_N^{(0)}(1), X_N^{(0)}(2), \cdots, X_N^{(0)}(N) \right)$$

均为相关因素序列，即影响煤层甲烷含量的主要因素序列。

$$X_i^{(1)}(t) = \sum_{i=1}^{t} X_i^{(0)}(t)\,, \qquad i = 1, 2, \cdots, N; t = 1, 2, \cdots, n$$

式中，$X_i^{(1)}(t)$ 为 $X_i^{(0)}$ 的 1-AG0 序列。

序列 $X_i^{(1)}(t)$ 能够使原始数据序列的随机性弱化。

如图 4-48 所示，图 4-48（a）为原始数据序列曲线，曲线具有明显的摆动性；图 4-48（b）为一次累加生成的数据序列曲线，曲线显然规律性增强了，随机性被弱化了。

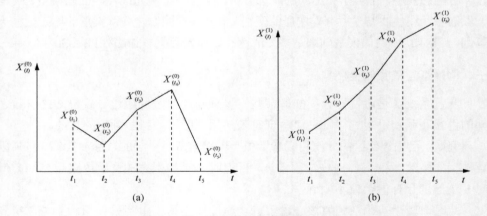

图 4-48　数据序列曲线

通常情况下，对于非负的数据序列，累加的次数越多，其随机性的弱化越为显著，而规律性就越强，最终呈现出指数规律。

GM$(0, N)$ 模型正是以序列（1）为建模基础，其数学表达式为

$$X_i^{(1)} = \sum_{i=1}^{N-1} b_{i+1} X_{i+1}^{(1)} + a \tag{4-9}$$

1. 计算方法运用

1）数据处理

由原始数据序列 $X_i^{(0)}(t)(t=1,2,\cdots,n)$ 进行一次相应的累加生成序列 $X_i^{(1)}(t)$ $(i=1,2,\cdots,N;t=1,2,\cdots,n)$。

2）构造矩阵 $\boldsymbol{X}(\boldsymbol{B})$

$$\boldsymbol{X}(\boldsymbol{B})=\begin{vmatrix} X_2^{(1)}(2) & X_3^{(1)}(2) & \cdots & X_N^{(1)}(2) & 1 \\ X_2^{(1)}(3) & X_3^{(1)}(3) & \cdots & X_N^{(1)}(3) & 1 \\ \vdots & \vdots & & \vdots & \vdots \\ X_2^{(1)}(n) & X_3^{(1)}(n) & \cdots & X_N^{(1)}(n) & 1 \end{vmatrix}$$

2. 储量模型检验

灰色系统理论采用以下方法检验判断模型的精度。

检验残余数值：对数学模型值和实际值的误差，进行逐点误差检验。

检验关联度：通过考查模型值曲线与建模序列曲线的相似程度，进行关联度检验。

1）残差值 $\varepsilon^{(0)}$ 及相对误差 q 的计算

根据原始数据序列 $X_1^{(0)}=\left[X_1^{(0)}(1),X_1^{(0)}(2),\cdots,X_1^{(0)}(n)\right]$ 及相应的模型模拟序列 $\hat{X}_1^{(0)}=\left[\hat{X}_1^{(0)}(1),\hat{X}_1^{(0)}(2),\cdots,\hat{X}_1^{(0)}(n)\right]$ 之差，可求出残差序列 $\varepsilon^{(0)}$：

$$\varepsilon^{(0)}=\left(\varepsilon_{(1)},\varepsilon_{(2)},\cdots,\varepsilon_{(n)}\right)=\left[X_1^{(0)}(1)-\hat{X}_1^{(0)}(1),X_1^{(0)}(2)-\hat{X}_1^{(0)}(2),\cdots,X_1^{(0)}(n)-\hat{X}_1^{(0)}(n)\right]$$

相对误差序列

$$q=\left(\left|\frac{\varepsilon^{(1)}}{X_1^{(0)}(1)}\right|,\left|\frac{\varepsilon^{(2)}}{X_1^{(0)}(2)}\right|,\cdots,\left|\frac{\varepsilon^{(n)}}{X_1^{(0)}(n)}\right|\right)=\{q_k\}_1^n$$

平均模拟相对误差 $\overline{q}=\dfrac{1}{n}\sum_{k=1}^{n}q_k$，平均相对精度为 $1-\overline{q}$。

2）模型精度等级评定

尽量在误差允许范围之内，进行可计算预测值，否则需要进行残余校正，据经验，一般按如下精度等级进行模型检验（表 4-3）。

表 4-3　精度检验等级参照

精度等级	相对误差
A 级（优良）	0.05
B 级（良好）	0.05～0.10
C 级（较好）	0.10～0.20
D 级（合格）	0.20～0.30
E 级（不合格）	0.30

3）后验差检验

后验差的检验，主要是对残差分析的统计特征进行检验。通常情况下，最常用的是相对误差的检验指标。

二、储量定量测试结果

通过对卡鲁盆地三个区块的煤层气资源量进行测试，根据对影响各区块煤层气含量地质因素的分析研究，从煤层中选出 3～4 个因素参数作为影响煤层气含量大小的主控参数，作为建模预测的指标（表 4-4）。

表 4-4　卡鲁盆地煤层气含量主要影响因素指标

钻井		煤层气含量控制因素
一区块	C-6 钻井	MCMS、DBYX、T20M
二区块	C-1 钻井	GZ、SYZH、MCMS、XPXS
	C-2 钻井	GZ、T10M、DCZH
	C-3 钻井	MCMS、T10M、D10M
	C-4 钻井	GZ、SYZH、MCMS、D5M
三区块	C-5 钻井	DBYX、D10M、MCMS

根据 GM 建模的原理，利用已测定的钻井实验数据，获得各区块吨煤煤层气含量的值，与相对应的主控因素指标的统一，可建立每个区块煤层气的预测模型。

（1）一区块（表 4-5）。

C-6 钻井 $Q = 1.2547 + 1.848 \times 10MCMS - 0.4004DBYX - 0.3008T20M$

表 4-5　一区块煤层气含量与主控因素指标统计

区块	钻井	MCMS	DBYX	T20M	实测含气量/(m³/t)
一区块	C-6 钻井	492.14	1.00	9.97	2.29

(2)二区块（表 4-6）。

C-1 钻井：$Q =5.2389+0.9438×10GZ–3.1034MCMS–0.36667XPXS$

C-2 钻井：$Q =1.6489+1.9658×10GZ–0.44227T10M–0.3008DCZH$

C-3 钻井：$Q =1.2339+1.3306×10MCMS–0.457324DBYX–0.5087T20M$

C-4 钻井：$Q =1.2532+1.4382×10GZ–0.4074DBYX–0.4806T20M$

表 4-6 二区块煤层气含量与主控因素指标统计

区块	钻井	GZ，YZH	MCMS	XPXS	实测含气量/(m³/t)
二区块	C-1 钻井	3.00	68.35	9.28	2.97
	C-2 钻井	4.00	48.29	561.08	1.55
	C-3 钻井	5.00	9.14	572.01	2.44
	C-4 钻井	2.00	68.79	582.85	3.02

(3)三区块（表 4-7）。

C-5 钻井：$Q =8.7389+7.848×10MCMS–1.6330DBYX–0.51908D10M$

表 4-7 三区块煤层气含量与主控因素指标统计

区块	钻井	DBYX	D10M	MCMS	实测含气量/(m³/t)
三区块	C-5 钻井	2.00	0.00	56.44	5.99

通过灰色系统理论建立的煤层气储量模型，分别对卡鲁盆地各个区块煤层及已知钻井的煤层气含量进行预测，并以此计算各煤层气储量实际值与预测值之间的残差及平均相对误差值。预测煤层气储量的结论，从表 4-8～表 4-10 可以看出，尽管各煤层钻井相对误差较高，但总体而言相对误差平均值小于 25%。其中，一区块煤层相对误差平均值为 13.65%，二区块煤层相对误差平均值为 18.35%，三区块煤层相对误差平均值为 19.18%。

表 4-8 一区块煤层预测煤层气含量误差检验

井号	实测甲烷含量/(m³/t)	预测甲烷含量/(m³/t)	残差/(m³/t)	相对误差/%	相对平均误差/%
C-6	6.07	6.94	−0.87	−14.31	13.65

注：实测和预测甲烷含量分别为 $X_1^{(0)}(k)$、$\hat{X}_1^{(0)}(k)$；残差 $\varepsilon^{(0)} = X_1^{(0)}(k) - \hat{X}_1^{(0)}(k)$；相对误差 $q_k = \dfrac{\varepsilon_{(k)}}{X_1^{(0)}(k)}$；相对平均误差为 $\bar{q} = \dfrac{1}{n}\sum_{k=1}^{n}|q_k|$。

表 4-9 三区块煤层预测煤层气含量误差检验

井号	实测甲烷含量/(m³/t)	预测甲烷含量/(m³/t)	残差/(m³/t)	相对误差/%	相对平均误差/%
C-5	6.07	6.94	−0.87	−14.31	19.18

表 4-10　二区块煤层预测煤层气含量误差检验

井号	实测甲烷含量/(m³/t)	预测甲烷含量/(m³/t)	残差/(m³/t)	相对误差/%	相对平均误差/%
C-1	9.28	7.57	1.71	18.37	
C-2	7.67	9.18	−1.51	−19.68	18.35
C-3	13.64	11.84	1.30	13.21	
C-4	6.94	5.43	1.51	21.72	

综上所述，各煤层的误差平均值不超过 25%。因此，运用灰色系统理论建立的煤层气含量模型，用于卡鲁盆地的一区块、二区块、三区块各钻井煤层气含量的预测具有可行性。

运用灰色系统理论对非洲卡鲁盆地煤层气预测储量建模是合适的，实际应用中节省追加勘探费用的支出，利用已知煤层气钻井获得的煤层气含量值，与预测储量进行对比，计算各煤层气储量实际值与预测值之间残差及平均相对误差值。

本书主要分析非洲卡鲁盆地煤层含气量的特征，通过大量的煤层气现场解吸实验，从煤层埋深、煤岩煤质、煤层的灰分含量和吸附时间对含气量的影响。研究表明，解吸量随着解吸时间的增加有先快速增加而后缓慢增加的趋势。不同区块、不同埋深煤层的解吸曲线基本一致，表明卡鲁盆地煤层的吸附特征差异性不大。分析了卡鲁盆地煤层含气量的影响因素，通过体积法计算了卡鲁盆地煤层气资源量，并通过数值模拟预测了卡鲁盆地煤层气资源开发前景。运用灰色系统理论对非洲卡鲁盆地煤层气预测储量建模，利用已知煤层气钻井获得的煤层气含量值，与预测储量进行对比，计算了各煤层气储量实际值与预测值之间残差及平均相对误差值。通过煤层现场解吸实验得出以下结论。

(1)煤层气的样品解吸气量与解吸时间有一定的关系，而与解吸罐的温度关系不大，温度的变化只影响解吸速度，对解吸气量影响不大。

(2)煤层含气量随埋深增大有增加的趋势，但埋深不是其主要控制因素，因为不同的深度段煤层含气量变化值大，从 0 到 7m³/t 都有分布；而灰分含量的增加降低了煤层的含气量，但灰分含量达到 90%，煤层几乎不含气。

(3)从三个区块比较可以看出，C-6 区块煤层含气量最高，达到 12m³/t，其含气量与煤层密度有很好的线性关系。

(4)计算卡鲁盆地煤层气资源约为 6.65 千亿 m³，资源面积为 6073.22km²，资源丰度为 11 亿 m³/km²，通过模拟预测，开采第 6 年将达到产量高峰，一天将产气量达到 20000m³/t。

第五章 非洲卡鲁盆地煤层气项目经济评价

第一节 非洲卡鲁盆地煤层气市场分析

一、非洲卡鲁盆地煤层经济环境分析

煤层气市场条件分析包括目标市场、已有管输能力、气量需求、气质要求、价格承受能力等。风险分析对方案设计、动用的地质储量规模、开发技术的可行性、主要开发指标预测及产能建设、生产过程中可能存在的不确定性进行分析和评估，包括资源风险、市场风险、气价风险、技术风险、融资风险及其他风险。对各类风险进行敏感性分析，并提出降低防范和遏制风险的对策。

投资估算与经济评价依据国家和行业的现行经济政策和评价方法，对钻井工程、采气工程、地面工程、配套、健康安全环境要求及削减风险措施等进行投资估算和经济评价，为开发方案优选提供依据。

总投资估算，对生产成本、销售收入、销售税金、附加和所得税进行计算，确定方法。对财务内部收益率、财务净现值、投资回收期、投资利润率、投资利税率、年平均利润额等主要财务指标进行计算。重点论证单井经济极限产量、单井经济控制储量、开发投资、气价等对煤层气田开发经济效益的影响因素。对各方案的主要财务指标进行对比分析，对各方案的主要技术经济指标进行综合对比分析，优选并推荐最佳开发方案，并附推荐方案的经济技术指标测算成果表和测算成果曲线。应考虑地质储量、产能、开发技术、气价等不确定性因素的影响，进行风险分析。

煤层气项目投资大且建设周期长，投资风险大，未来市场具有不确定性因素，是一个复杂的系统工程[155,156]。因此，在海外投资煤层气项目时，应对投资国家的政治经济环境，进行详细的研究和分析。

非洲国家的自然资源丰富，经济发展较高水平地区主要在非洲南部，工农业基础较好，轻重工业体系健全，有相当的工业生产能力，其工业占工农业总产值的 2/3。工业制品向周边国家出口，私有企业产值约占国内生产总值的 80%，制造业、矿业和农业分别为国民经济的三大支柱。非洲的矿业是最重要的创汇行业，生产潜力较大，矿产品产值占国内生产总值的比重较大。

制造业成为非洲促进经济发展的关键因素，其生产消费品、中间产品及生产资料的产值占国内生产总值的 27%。由于自然资源丰富，煤、铁、铬、石棉等矿藏以量多质好享誉世界，特别是煤蕴藏量约 270 亿 t，铁蕴藏量约 2.5 亿 t，铬和

石棉的储量均很大，但是水力资源、电力贫乏。非洲近几年通货膨胀率奇高，2011年，被评为世界上通货膨胀最高的国家。

二、开发作业费用预测

众所周知，对于煤层气项目市场分析，主要是各个阶段煤层气成本投入及最终产能、收益情况，分析储量财务可行性和经济合理性，以获得最佳效益。因此，只有通过对项目投入、产出、效益等经济问题进行科学分析和市场预测，才能论证其经济可行性或经济合理性[157]。

另外，煤层气项目的资本费用建立在煤层气资源储量的基础上，如果煤层埋藏较浅，投资费用可能较低。通常情况下，煤层气项目开发的生产经营和维护费用往往高于常规天然气的相应费用，这意味着煤层气项目回收成本乃至盈利时间较常规天然气项目时间更长，因此资本费用和作业费用必须合理，而且有追加投资的可能性。

在开发煤层气项目过程中，要关注的资本费用支出，包括地质和地球物理费用、矿区租赁费用、钻井完及增产措施费用、生产设备和设施费用、气体处理费用及压缩费用，以及水处理费用等相关费用。

1. 地质和地球物理费用

在一个未探明区块中，地质和地球物理勘探的目的是探明并确认该区块是否具有商业开发价值的可能性。而地质、地球物理及矿区租赁费用是钻井前的勘探费用，包括地貌和地质研究及地球物理勘探成本，具体包括取得矿产权益并实施这些研究费用，地质地球物理研究人员和其他施工人员的工资及其他费用。另外，地球物理勘探费用包括地震采集、处理和解释费用，可发生在矿区租赁权获得之前也可以发生在获得之后。地球物理费用估算以采集区域、采集类型及其他采集和处理参数为依据，最好的方法有两种：一是对比不同承包商的标书；二是与已完成地球物理勘探的相似区域类比。

2. 矿区租赁费用

矿区租赁协议涉及有关出租人和承租人的法定权利和义务，通常包括租金定金、矿区使用费条款、起始时间、关井费用、转让权益等条款。例如，在美国取得未探明矿区最典型的方式不是购买矿产所有权或收费权益，而是通过租赁从矿产所有者取得矿区经营权益。在矿产所有权与地表土地所有权分离时，承租人还必须与土地所有者签署协议，并承担土地破坏和恢复的赔偿，同时土地所有者不能阻止承租人进入矿区从事勘探、开发和生产活动，获得土地租赁使用权及相关的许可需要一定的费用。

3. 钻完井及增产措施费用

煤层气项目开发要形成规模，必须要大量的钻井工程。因此，钻完井及增产措施费用在煤层气项目资本费用中所占的比例相当大。通常钻完井的费用估算在钻井设计完成后开始，取决于井型、井别、井深、地层复杂程度、井身结构、钻井液、井头、套管、测试、取心和完井设备等参数。

另外，在煤层气开采过程中，一些钻井常根据需要进行压裂，费用随地质条件变化要调整。例如，煤层埋藏浅的美国黑勇士盆地开发案例，单层压裂费用约为 2.5 万美元；煤层埋藏深的圣胡安盆地，单层压裂费用约为 10 万美元。参照澳大利亚的苏拉特盆地开发，通常压裂费用需要增加大约需要 45 万澳元。

4. 生产设备和设施费用

大多数煤层气与水同产，因此煤层气生产需要专门的生产设备，地面设施包括人工举升、水气分离处理。例如，在美国黑勇士盆地，每口井的地面设施费用 4 万～6 万美元，其中包括了集气系统和租赁的压缩设备的费用，而在圣胡安盆地，每口井地面设施支出则高达 20 万美元。

5. 气体处理费用及压缩费用

煤层气井压力低(小于 700kPa)，输气管道压力高(4～7MPa)，因此煤层气处理与压缩费用成为煤层气项目的重要开支。例如，在圣胡安盆地煤层中 CO_2 气体一般为 4%～6%，处理清除 CO_2 气体，通常由管道公司或集气公司来完成，所需费用为 0.004～0.005 美元/m³。

6. 水处理费用

水处理费用是煤层气项目开发的一项比重较大的资本费用。一般而言，煤层气井的作业费用通常比常规天然气井费用高，需要额外的气处理和水处理费用，尤其是随着资源国对于环境的要求，对水处理要求越来越严格。例如，在美国黑勇士盆地，产出的煤层水通过管道输送到中心处理厂，经过处理后再排入河流。在圣胡安盆地，由于水矿化度高，需蒸发或回注，一个同时与 30～40 口生产井相连，具有处理和回注 3200m³/d 的井及相关设施费用达 1.5～2.0 百万美元。

7. 其他费用

煤层气项目开发中，还要涉及其他的费用。如工程、电力和管理等费用，约占项目资本支出的 10%左右。

综上所述，在煤层气项目开发过程中，要把以上的相关费列入成本之中，除上述因素之外，由于煤层气项目本身的特殊性，以及财政刺激和税收扶持基金等也会影响项目的经济性，因此，在煤层气市场费用预测中都要考虑。

三、项目评价方法综述

煤层气目标区的产能由资源条件和市场条件共同决定。对于首次建设产能，在煤层气资源充足的情况下，它取决于煤层气目标区市场需求；反之，建设产能的设计需要考虑在充分利用煤层气资源的情况下保证煤层气目标区在评价期内的稳产。随着排采时间的延长，煤层气井达到产气高峰后，产量会逐渐下降，因此必须在适当的时间，增加新的煤层气生产井以弥补产量的降低，保证煤层气开发的产能规模，这又称产能接替。当煤层气资源充足时，设计产能需要随着市场的变化而调整，并在接替建设时体现出来，市场增长后，设计产能随之增加。

开采资源类的资产评估方法有很多，可以运用在煤层气资源开发项目常用的评估方法主要有系数法、重置成本法、概率与风险分析法。

系数法是常用于矿业项目的经济评价，是收益法为基础的投资与成本估算；重置成本法主要用于矿产资源资产评估；概率与风险分析法是使用概率方法，来研究投资不确定因素的风险因素对项目经济评估指标的定量分析。这些方法通常在项目投资的不同阶段、不同的目的下使用。

1. 系数法

该方法可看作是一种概略估算方法，其估算的精度比一般方法估算精度要高[158]。系数法将投资和成本分为若干组成部分，首先，根据投资设备或者材料的数量价格，计算出相应的费用。从已知同类项目获得的系数，计算建筑投资和其他投资，最后求三者之和：

$$I = (I_\mathrm{m} + I_\mathrm{b} + I_\mathrm{r})(1+K) \tag{5-1}$$

式中，I 为项目的固定资产投资额；I_b 为建筑物投资额，由 $K_\mathrm{b}I_\mathrm{m}$ 计算，其中 K_b 为已知同类项目的建筑物投资占设备投资的比例系数；I_r 为其他投资，由 $K_\mathrm{r}I_\mathrm{m}$ 计算，其中 K_r 为已知同类项目的其他投资占设备投资的比例系数；K 为应急费用系数，取值为 $0.10\sim0.15$；I_m 为设备投资额，其表达式为

$$I_\mathrm{m} = \sum_{i=1}^{n}\left[Q_i P_i (K_i + 1)\right] \tag{5-2}$$

其中，Q_i 为第 i 种设备的数量；P_i 为第 i 种设备的价格；K_i 为已知同类项目第 i 种设备的运输安装费用系数；n 为设备的种数。

对于经营成本估算，可分材料费和加工费两个部分，利用已知同类产品获得

的系数计算加工费,最后求两者之和:

$$C = C_{\mathrm{m}}\left(1 + K_{\mathrm{f}}'\right) \tag{5-3}$$

式中,C 为经营成本的估算值;K_{f} 为从已知同类产品获得的加工费占材料费的比例关系数;C_{m} 为材料费用的估算值,其表达式为

$$C_{\mathrm{m}} = \sum_{i=1}^{n} Q_i P_i \tag{5-4}$$

其中,Q_i 为第 i 种材料的数量;P_i 为第 i 种材料的单价。

此外,流动资金投资亦常用系数估算,即已知同类项目的经营成本、固定资产投资、年销售收入或者百万元产值乘以相应的流动资金率。

该方法较适用于矿业项目的投资。其优势是把投资、经营成本与开采方式等变量联系起来,以系统地估算矿产资源开发经济性。

2. 重置成本法

利用资产评估的重置原理,在模拟现行技术条件下,按原勘探规范要求实施各种勘探手段,依据新的工业指标,将所投入的有效实物工作量,按新的价格和费用标准,重置与被评估矿产地的探矿权具有相同勘探效果的全新探矿权的全价,扣除技术性贬值,以得到探矿权的评估值,其一般的计算式为

$$P = P_{\mathrm{b}}\left(1 + F\right) \cdot \left(1 - \xi\right) = \sum_{i=1}^{n}\left[U_{\mathrm{b}i} P_{\mathrm{u}i}\right] \cdot \left(1 + \varepsilon\right) \cdot \left(1 + F\right) \cdot \left(1 - \xi\right) \tag{5-5}$$

式中,P 为探矿权评估值;P_{b} 为探矿权资产重置全价;$U_{\mathrm{b}i}$ 为各类地质勘探工作量;$P_{\mathrm{u}i}$ 为相对应的各类地质勘探实物工作量价格;ε 为其他地质等费用分摊系数;F 为地勘风险系数;ξ 为技术性贬值系数;n 为地质勘查实物工作量项数。

由式(5-5)知,估值是由相应的地勘实物工作量重置全价扣除技术贬值后,在考虑地勘风险收益而求得的结果,而评估值的可靠性取决于上述这些参数确定的合理性,一般来说这些参数的确定相当复杂。重置成本法可以用于勘探权的评估,尤其是适用于保本转让的探矿权评估。但是从理论上说,以矿权地中蕴含的资源为依托的探矿权价值与该矿权地上投入的勘探费用,两者之间并无必然联系,以勘探费用为基础计算得出的评估值,有时不能准确反映探矿权的真实价值。

该方法适应于矿业项目资源价值的评估,在开发煤层气项目寻找投资合作伙伴时,可运用该方法对煤层气项目的资源进行评估,以测算出该矿权的价值,以便稀释股权获取现金。

3. 概率与风险分析法

概率分析法是使用概率来研究不确定因素的风险因素对项目经济评估指标的一种定量分析方法[159]。通过期望值计算。一般的计算变量的期望值，其计算表达式：

$$E(X) = \sum_{i=1}^{n} Q_i P_i = \sum_{i=1}^{n} X_1 P_1 + X_2 P_2 + \cdots + X_n P_n \tag{5-6}$$

式中，$E(X)$ 为变量 x 的期望值；$P_i = P(X_i)$ 为对应所出现变量的概率值；X_i 为随机变量的各种取值。

计算方差和均方差，方差用来衡量变量 X 的各值 X_1 与期望值的平均偏离程度。

方差：

$$\sigma^2 = E[X_1 - E(X)]^2 + E[X_2 - E(X)]^2 + \cdots + E[X_n - E(X)]^2$$
$$= \sum_{i=1}^{n} P_i [X_i - E(X)]^2 \tag{5-7}$$

均方差：

$$\sigma = \sqrt{\sum_{i=1}^{n} P_i \left[X_i - E(X) \right]^2} \tag{5-8}$$

该方法适应于项目开发前期，其优势是用概率来研究不确定因素的风险因素对项目经济评估指标的定量分析。随着投资项目的进展，可以用这方法对项目未来的风险做出定量分析。

第二节　非洲卡鲁盆地煤层气项目投资概算

一、项目开发应用分析

煤层气开发主要被广泛地用于发电、民用燃气、汽车燃料、工业燃料、煤化工等领域。实践证明，取得了良好的安全、经济和社会效益。

由于非洲电力极度缺乏，在非洲建造小规模发电站，利用煤层气循环发电，解决当地电力短缺的问题。可以利用管道输送气体到非洲国家的奎奎、布拉瓦约、哈拉雷等城市，以及其他城市及工业规模用户。另外，压缩天然气（CNG）或液化煤层气（LNG），已经广泛被作为热源或汽车燃料，应用到大中型陶瓷制品烧制（热源）中。附加产品可以在非洲国发展煤层气化工、生产氨水、尿素、甲醇等煤化工产品；也可以用于煤层气制油、人工合成柴油和钢铁厂或铬铁厂的直接供气、工业及居民用户供气等。

煤层气富含甲烷，经浓缩净化后也可代替天然气。它的开采和利用不仅可以缓解我国天然气的不足，消除煤矿井下开采的灾害因素和造成大气污染、温室效应的一个重要的有害源，同时还可为碳化工提供原料。

煤层气综合利用价值很高，除民用外，还可用于发电、供热、汽车燃料，还能生产炭黑、甲醛和合成氨等化工产品。一般而言，从生产矿区井下抽放系统回收的煤层气甲烷浓度低，并含有杂质；而在未开采地区采用地面钻井生产的煤层气浓度高、质量好。中等质量的煤层气适合当地民用或供井口煤层气电厂发电；高质量煤层气适合输入天然气管道系统，输送给远方用户，供应大城市居民、电厂、化肥厂和化工厂使用。

目前，我国在煤矿低浓度瓦斯直接利用技术的研究主要有煤矿低浓度瓦斯发电技术、煤矿低浓度瓦斯燃烧技术、矿井乏风瓦斯利用技术。

煤瓦斯发电是煤矿低浓度瓦斯利用的最佳途径。目前，瓦斯发电主要有三种方式：大功率燃气轮机发电、蒸汽轮机发电和往复活塞式内燃机组发电。利用蒸汽轮机发电一次性投入大，建站周期长，要求燃气流量充足，只适合瓦斯抽采量大且气体成分较稳定的大型矿井。燃气轮机的热效率不超过 30%，蒸汽轮机的热效率更低，仅为 10% 左右。利用内燃机组发电一次性投入低，建站周期短，内燃机组台数和功率范围可根据瓦斯气量的大小进行确定，电站移动方便，非常适合大、中、小型煤矿。因此内燃机组发电是目前解决瓦斯利用最佳途径。由于低浓度瓦斯中的主要可燃成分（CH_4）含量低，成分随机性变化较大，难以采用常规的燃气发动机进行发电。

煤层气浓缩技术方面，国内外正在研究应用的瓦斯利用技术和途径有变压吸附技术、低温液化分离技术、选择性吸收技术、高浓度甲烷混合技术、高热值气混合技术、民用瓦斯液化管道技术、瓦斯锅炉燃烧技术、混合燃烧技术、内燃机发电技术、燃气透平技术、蒸汽透平技术、燃料电池技术、火炬燃烧技术、富集内燃机发电技术、助燃空气（辅助燃烧）技术、反应器技术、微型触媒透平燃烧技术、汽车燃料技术、瓦斯化工技术等。

为了扩大煤层气的利用范围，并代替常规天然气，需要提高煤层气的质量和保证气体的质量波动最小。如果要将煤层气压缩后进入天然气管道长距离输送，CH_4 浓度要达到 95% 以上。高质量煤层气更适用于工业原料、汽车燃料和燃气轮机发电等用途。当 CH_4 富集到 80% 以上，可以作为化工原料或作为高效燃料，而井下抽放出的煤层气因 CH_4 的含量低、杂质多，迫切需要解决抽放煤层气的净化问题。要使煤层气成为优质的一次性洁净燃料和 CH_4 化学（甲烷化学）的原料，需要对煤层气进行浓缩与净化。因此，发展煤层气浓缩技术或分离纯化技术是开发利用煤层气的关键所在。混合气体的分离法有根据各气体组分沸点不同的低温深冷分离技术，即冷凝蒸馏液化和非冷凝方法。后者包括利用一定吸收剂只选择吸收某些组分的吸收法，利用膜对不同分子直径的选择性透过功能的膜分离法，以及建立在某种吸附剂或吸附剂组合对不同气体组分吸附强度或扩散速率存在差异基础上的变温吸附（TSA）、变压吸附（PSA）。

低温液化煤层气和天然气一样，主要成分是甲烷。甲烷的临界温度为190.58K（即约-82.57℃），临界压力为 4.64MPa，也就是说，至少要在-82.57℃以下，并增加压力到 4.64MPa，它才能变成液体。如果压力是一个大气压，其液化温度则是-161.49℃。因此，煤层气液化只能在低温下实现。煤层气的液化流程与天然气一样，有复叠式制冷液化循环、混合制冷剂制冷液化循环、带膨胀机的制冷液化循环等。煤层气通常流量不大，原料气压力也低，在低温液化分离的过程中能生产洁净的氮气，不仅可以用做分子筛净化器的再生气体，还可以用来补充气体制冷循环的泄漏。低温液化分离法的原理是先将气体混合物冷凝为液体，然后再按各组分蒸发温度的不同将它们分离。首先，因为这种方案分离的纯度最高；其次，因为这种方案比较安全，其分离过程是在低压和低温下进行的，即使处在甲烷的燃烧爆炸范围内也不容易产生燃烧和爆炸；最后，这种方案最经济，它不仅可以同时分离和脱除氧、氮，还能直接生产 LNG。

煤层气的成功开发和利用，依赖于煤层气的勘探开发、储运和利用技术的发展，而储运技术是煤层气开发的关键。煤层气的储运受到矿井气源、用户特点等因素的影响，而储运方法的选择关系到煤层气开发利用的可行性和经济性。管道运输多用来输送流体（货物），如原油、成品油、天然气及固体煤浆等，它与其他运输方式，如铁路、公路、海运、河运相比，主要区别在于驱动流体的输送工具是静止不动的泵机组、压缩机组和管道。泵机组和压缩机组给流体以压能，使其沿管道连续不断地向前流动，直至输送到指定地点。目前，在由铁路、公路、水运、航空和管道五大运输方式构成的完整的交通运输体系中，管道运输成为当今油气运输的首选方案。在世界运输体系中，发达国家利用管道输送油气的货物周转量已占全社会货物周转量的 22.4%。

LNG 的生产输送过程是将气态的天然气冷却到液态（-162℃），一般采用丙烷预冷的混合制冷剂液化技术。由于净化、液化工艺复杂，运行费用较高。LNG 液化站一般应建在气井处，气源充足，气价低，LNG 产量大，便于回收投资。LNG 供气方案的这个特性，使得 LNG 液化站一般距离用气城市较远。LNG 采用低温储罐槽车通过公路来运输。到达目的地后，LNG 槽车中的 LNG 经槽车的自增压系统增压后，进入 LNG 储罐。储罐中的 LNG 再经自增压入化器中气化，经调压计量送入城市管网。由于涉及相变过程，为防止出现超压现象，还设置了蒸发器（BOG）系统、放散系统、氮气吹扫系统等。LNG 输运技术目前在理论上已日趋成熟，并且在淮阳、深圳等地开始使用该项技术，但是还不够成熟。

卡鲁盆地煤层气开发利用工程未来可分为两期开发工程。一期工程可以建小型发电站一座，装机容量 12000kW，发电机选型 3000kW×5 台，开四备一。发电效率 3.5kW·h/m³(煤层气)，年发电量 10080 万 kW·h，区内井网及集气站建设，需要建设管网长度 12km，建设集气站 1 座，通常按单井 300m 管网建设计算。

在二期工程建设中，可以建一座中型煤气发电站，装机容量 400000kW，发电机的选型可以安装 100000kW×5 台(开四备一)。按照未来规划的发电效率可以按 4.5kW·h/m³(煤层气)的发电设备，发电效率 375000 万 kW·h(94%)，实现年发电量 324000 万 kW·h。另外，区内井网及集气站建设管网，管网建设长度 300km，建集气站 5 座(按单井 300m 管网建设计算)，储气柜建设，干式储柜 5 座，储气能力 500000m³(100000m³×5 座)。

非洲卡鲁盆地煤层气勘探开发工程投资费用主要包括项目组建及设备购置费、工区组建费及行政费用、钻井及作业设备购置费、煤吸附实验及物理化学分析费、排水采气工程实验项目费、排水采气设备购置费、物探工程费及发电站建设费等。

该项目总投资估算为 78335.06 万美元，其中项目组建及设备购置为 1771.33 万美元，一期工程勘探开发阶段投资估算为 3190.72 万美元，二期工程生产开发阶段投资估算为 73373.01 万美元。

二、项目组建及设备预算

项目组建及设备购置费用主要包括公司组建费、工区组建费及行政费、钻井及作业设备购置费。其中，项目中的公司组建费用估算为 158.70 万美元(表 5-1)。卡鲁盆地煤层气勘探开发工程费用总估算 78335.04 万美元(表 5-2)。工区组建费及行政费为 685.65 万美元(表 5-3)。钻井及作业设备购置费为 973.96 万美元(表 5-4)。

表 5-1　公司组建费用估算

序号	项目	单价	数量	备注	费用/万元	费用/万美元
1	租购房		600m²	哈拉雷办公室	80.00	12.69
2	办公家具			办公家具	60.00	9.52
3	办公用品			计算机等设备	50.00	7.93
4	交通工具			越野车 4 台	60.00	9.52
5	行政管理			按 15 人计算	750.00	119.04
合计					1000.00	158.70

表 5-2 非洲卡鲁盆地煤层气勘探开发工程费用总估算

序号	项目	费用/万元	费用/万美元
1	公司组建费用	1000	158.73
2	区组建费、行政费用	4320	685.71
3	设备购置费用	5839	926.88
4	一期钻井工程	5881	933.61
5	一期煤吸附实验	597	94.76
6	一期采气工程项目	1556	246.98
7	一期排水设备购置	1856	294.73
8	一期物探工程费	3180	504.76
9	一期发电站建设费	7030	1115.87
10	二期钻井工程	275000	43650.79
11	二期发电厂建设费用	187250	29722.22
合计		493509	78335.04

表 5-3 工区组建费及行政费用估算

序号	项目	单价	备注	费用/万元	费用/万美元
1	活动板房	1000 元/m²	按 100 人计算，3 台钻机，包括食堂、仓库、办公室	100.00	15.87
2	办公用品购置		绘图机、电脑、通信、办公家具	60.00	9.52
3	行政交通工具购置		越野车 2 台、客车 2 台、生活用车 2 台	100.00	15.87
4	生产用车辆		长挂车 1 台、吊车 1 台 25t，运输车 3 台	200.00	31.74
5	油水罐		水罐 20m³，油管 10m³	40.00	6.34
6	占地补偿修路费		道路临时修建场地平整	200.00	31.74
7	排污费、复垦费		现场泥浆，排采产水处理	200.00	31.74
8	工区管理费	12 万元	按 15 人计算，包括司机、管理人员	300.00	47.61
9	发电设备	8 万元	75kW、40kW 柴油发电机	20.00	3.17
10	技术费	10 万元	设计、监理、检验	400.00	63.49
11	调遣费		国际海运公路运输	1800.00	285.71
12	其他			900.00	142.85
合计				4320.00	685.65

表 5-4　钻井及作业设备购置费用估算

序号	项目	单价	数量	备注	费用/万元	费用/万美元
1	钻井机	1200 万元/台	3 台	美国钻科 120K，顶驱车载钻机	3600.00	571.42
2	钻杆	1440 元/m	3000m	Φ127mm，32000 元/t，45kg/m	432.00	68.57
3	钻铤	2880 元/m	300m	Φ152mm，32000 元/t，90kg/m	86.40	13.71
4	定向仪器	300 万元/套	2 套	MWD 带伽码配套	600.00	95.23
5	螺杆马达	6 万元/支	10 支	各种规格	60.00	9.52
6	变径接头	1.2 万元/个	12 个	各种规格	14.40	2.28
7	无磁钻铤	4.5 万元/根	3 根		13.50	2.14
8	泥浆泵	110 万元/台	4 台	开三备一，带离合器柴油机	440.00	69.84
9	泥浆系统成套装置	120 万元/台	3 台	带振动塞，除砂、除泥装置	360.00	57.14
10	油罐	5 万元/个	3 个		15.00	2.38
11	现场水罐	8 万元/套	3 套	其中水罐20m³、10m³ 各一个	24.00	3.80
12	修井机	180 万元/台	1 台	提升能力 40T	180.00	28.57
13	捞砂筒	2.2 万元/只	3 只		6.60	1.04
14	修井工具	4.5 万元/套	1 套	各种吊卡及相关工具	4.50	0.71
15	其他	100 万元/台	3 台	钻机配套附属装置	300.00	47.61
合计					6136.40	973.96

三、勘探开发投资估算

一期工程开发阶段投资费用包括钻井工程费、煤吸附实验及物理化学分析费、排水采气工程实验项目费、排水采气设备购置费、物探工程费、发电站建设费。

一期工程钻井工程估算费用为 933.61 万美元（表 5-5）。一期工程煤吸附实验及物理化学分析估算费用为 94.71 万美元（表 5-6）。一期工程排水采气工程实验项目估算费用为 246.95 万美元（表 5-7）。

表 5-5　一期工程钻井工程费用估算

序号	项目	单价	数量	费用/万元	费用/万美元
1	钻前准备	8 万元	35	280.00	44.44
2	一开钻井	800 元/m	35	252.00	40.00
3	二开钻井	1000 元/m	35	840.00	133.33
4	三开钻井	2000 元/m	35	840.00	133.33
5	四开钻井	3000 元/m	35	1260.00	200.03

续表

序号	项目	单价	数量	费用/万元	费用/万美元
6	固井	10 万元	35	700.00	111.11
7	套管	7.2 万元	35	252.00	40.00
8	套管	16.8 万元	35	588.00	93.33
9	煤层筛管	5.85 万元	35	204.75	32.50
10	电测井	14 万元	35	490.00	77.77
11	其他	5 万元	35	175.00	27.77
合计				5881.75	933.61

表 5-6　一期工程煤吸附实验及物理化学分析费用估算

序号	项目	单价/(元/个)	数量	备注	费用/万元	费用/万美元
1	含气量测试	10000	300	现场解吸	300.00	47.61
2	气体组分析	500	900	三个样品	45.00	7.14
3	煤宏观描述	500	300	现场描述	15.00	2.38
4	煤工业分析	500	300	国内院所	15.00	2.38
5	等温吸附实验	7000	60	国内院所	42.00	6.66
6	煤元素分析	600	300	国内院所	18.00	2.85
7	煤孔隙率测定	500	300	国内院所	15.00	2.38
8	煤纤维组分分析	800	300	国内院所	24.00	3.80
9	镜煤反射测试	1000	300	国内院所	30.00	4.76
10	煤、岩石分析	700	300	国内院所	21.00	3.33
11	真密度视密度	400	300	国内院所	12.00	1.90
12	其他			样品包装	60.00	9.52
合计					597.00	94.71

表 5-7　一期工程排水采气工程实验项目费用估算

序号	项目	单价	数量	备注	费用/万元	费用/万美元
1	排水工程	5 万元	240 个	40 井×6	1200.00	190.47
2	气体分析	2000 元	120 个	40 井×3	24.00	3.80
3	水样分析	1000 元	120 个	40 井×3	12.00	1.90
4	现场作业	3 万元/井	80 井	40 井×2	240.00	38.09
5	地面安装	2 万元/井	40 井	初装、检泵分离器安装	80.00	12.69
合计					1556.00	246.95

一期工程排水采气设备购置估算费用为 294.73 万美元(表 5-8)。一期工程物探工程费用估算费用为 504.76 万美元(表 5-9)。一期工程发电站建设费用估算费用为 1115.85 万美元(表 5-10)。

表 5-8 一期工程排水采气设备购置费用估算

序号	项目	单价	单井/万元	备注	费用/万元	费用/万美元
1	采油树	2.5 万元	2.5	150 型	100.00	15.87
2	抽油机(杆泵驱动器)	20 万元	20		800.00	126.98
3	抽油泵(螺杆泵)	5000 元/台	0.5		20.00	3.17
4	抽油杆	40 元/m	2	500m/kg	80.00	12.69
5	油管	116.4 元/m	5.82	9.7kg, 500m/井	232.80	36.95
6	砂锚	5000 元/井	0.5	不锈钢金属网	20.00	3.17
7	气锚	5000 元/井	0.5	井下气水分离	20.00	3.17
8	光杆	1000 元/井	0.1	1 寸、卡盘	4.00	0.63
9	地面流程	4 万元/井	4	分离器	160.00	25.39
10	仪器仪表	3 万元/井	3	压力水表	120.00	19.04
11	回声仪	5 万元/井	5	液面测试	20.00	3.17
12	发电设备	3 万元/井	3	每井均摊	120.00	19.04
13	其他(附件)	2 万元/井	2	变径接头、油管	80.00	12.69
14	其他	2 万元/井	2		80.00	12.69
合计			45.92		1856.80	294.65

注:1 寸≈3.33cm。

表 5-9 一期工程物探工程费用估算

序号	项目	单价	数量	备注	费用/万元	费用/万美元
1	物探工程	3000 元	10000	踏勘后具体设计	3000.00	476.19
2	测量工程			物探测定,井位定测,复测	180.00	28.57
合计					3180.00	504.76

表 5-10 一期工程发电站建设费用估算

序号	项目	单价	备注	费用/万元	费用/万美元
1	集气站建设		40 口井,集中输配	240.00	38.09
2	井网建设	30 万元	按 300m 管算	360.00	57.14
3	机房建设	1000 元	发电机基础	30.00	4.76
4	发电设备	1200 万元	开四备一	6000.00	952.38
5	供电网络	10 万元	自用电输出上网	300.00	47.61
6	其他			100.00	15.87
合计				7030.00	1115.85

四、生产开发投资估算

二期工程生产开发阶段投资费用主要包括二期工程钻井工程估算和发电厂建设投资的费用。其中，二期工程钻井工程估算为 43650.79 万美元（表 5-11）。二期工程发电厂建设费用估算为 29722.22 万美元（表 5-12）。

表 5-11　二期工程钻井工程费用估算

序号	项目	单价	单井	数量	备注	费用/万元	费用/万美元
1	生产井钻井	250 万元	250 万元	1100 口	钻完井	275000.00	43650.79
合计						275000.00	43650.79

表 5-12　二期工程发电厂建设费用估算

序号	项目	单价	数量	备注	费用/万元	费用/万美元
1	集气站			1100 口井	2000.00	317.46
2	区内管网建设	40 万元/km	300km	$\Phi219mm$ 及 $\Phi600mm$ 管径	12000.00	1904.76
3	发电厂土建	1500 元/m²	5000m²	钢构、三平基础	750.00	119.04
4	加压站建设	250 万元/站	4 站	加压输配	1000.00	158.73
5	干式储气柜	200 万元/座	5 座	8 万 m³、40 万 m³	10000.00	1587.30
6	电设备	32000 万	5 台	10 万 kW×5 台	160000.00	25396.82
7	供电	10 万元		自用电及部分	300.00	47.61
8	其他			厂区、公路建设	1200.00	190.47
合计					187250.00	29722.19

第三节　非洲卡鲁盆地煤层气项目经济评价

一、经济评价指导原则

对于煤层气项目的经济评价，首先分析主要煤层特性、煤层参数，研究煤层气田开发井网密度，储层压力对煤层气井产量的影响[160]。

煤层气评价有利区块按照一定的阶段和程序进行。从广义的观点，煤层气评价有利区块是从预测、寻找和发现煤层气富集区开始，经过系统的地质勘查、经济评价以及开发，直到废弃为止的所有煤层气开发的全过程。狭义上来看，煤层气有利区块优选是应用煤田地质、煤层气地质及勘探的一些技术手段，在掌握了一些资料的基础上，建立相应的评价体系，应用各种方法对目标区进行资源类别的划分，为勘探开发提供理论依据。

综上所述，从前述卡鲁盆地煤层地质特征分析来看，卡鲁盆地具有含煤面积大和块内沉积有巨厚煤层的特点，煤层沉积稳定程度、赋存深度、煤岩、煤质、煤层含气量、煤层解吸成果等均具有大型煤层气藏的地质条件，在一定程度上具备经济资源量。

经济评价主要是分析项目盈利能力，并判断项目在经济上的可行性，世界各国企业在进行项目投资评价时，以净现值、内部收益率等贴现现金流量指标为主，投资回收期等非贴现现金流量指标为辅的多种指标并存的指标体系。

在煤层气经济评价过程中，通常要把净现值(NPV)、内部收益率(IRR)和投资回收期作为经济评价的标准。

二、经济评价影响因素

影响煤层气目标区开发经济性的因素煤层气资源具有潜在的经济价值，只有在合适的技术经济条件下将其探明并开发出来，其价值才能得以实现。煤层气生产是复杂的投入产出过程，其技术经济条件是影响这一过程经济性的各种要素的状态。

影响煤层气开发经济性的因素包括地质因素、经济因素、地理条件、资源条件和技术进步，尤其是地质条件，决定了工程技术方案、设备的选择，具有非常重要的意义。煤层气高产富集区是获得理想煤层气生产指标的必要条件。它取决于地下煤层面积、煤层厚度、埋藏深度、煤层含气量、含气饱和度、渗透率、储层压力、临界解吸压力等。这些参数又决定了开采区煤层气原始地质储量、可采储量丰度、产能建设投入和资源开发效率。

煤层气开发取得效益必须有一定规模的远景资源量和地质储量，如果地质储量少，就达不到滚动勘探开发的目的，生产期短，难以回收投资。也就是说，煤层气田无工业性开采效益。决定煤层气资源量的因素包括含煤面积、储层厚度和含气量。含煤面积在一定程度上决定了煤层气资源量，在同等条件下，含煤面积越大，目标区资源量也越大；煤层气资源量越大，其开发规模和开采年限就会越长，经济效益也会越好。一定厚度的煤层是煤层气藏形成的基础，煤层越厚对气藏越有利。国外获得商业性煤层气气流的地区，单井煤层气总厚度均大于 10m；薄煤层(总厚度小于 5m)分布区的煤层气一般没有商业开采价值；中等厚度煤层(总厚度为 5~10m)分布区稳产期短，开采价值不高。煤层单层厚度要大于 0.6m才可以与上下煤层分层压裂开采。

煤层含气量是煤层气经济评价的重要指标，根据我国煤层气资源状况，将煤层含气量划分为贫气和富气。

煤储层物性条件主要包括渗透率、煤储层压力和临界解吸压力。煤储层渗透率的大小对煤层气井产量的动态变化、采收率有着重要的影响，是评价煤层气开发经济性的重要指标。它对产气量的影响表现在气产量峰值的高低和出现的时间。渗透率较大的煤储层，排水降压快，压力传导范围大，气体解吸速度快，解吸的气体多，气产量及采出程度相对较高。临界解吸压力与储层压力之比称为临储压力比，它决定了煤层气开采中排水降压的难易程度，在含气量和等温吸附曲线确定的条件下，临储压力比越大，解吸越容易，产量越高。

埋藏深度对煤层气藏的作用表现在两个方面：其一，煤层中的气体组分和含量表现出垂向分带性；其二，煤层对应力的反应很敏感，随着上覆地层静压力（深度）的增加，煤层的孔隙体积、渗透率发生显著变化。考虑到煤层气开发技术的发展和经济合理性，目前一般将可开采的煤层气埋藏深度的最大值确定为 1500m。此外，埋藏深度增加会造成钻井投资和操作成本的上升，从而影响煤层气开采的经济效果。

构造条件（包括断层、节理、褶皱）影响着煤层气井的分布和气水产量，是制定现场开发规划的关键，不同的断块具有各自相异的产量特征。构造也会影响钻井压裂费用和水处理费用以及钻井成功率。在构造复杂区，往往由于难以对各种构造进行合理评价而使钻井成功率低，从而增加投资。构造虽然可造成一些割理系统从而增加煤层的渗透率，过多地下水又会使水处理费用增加，影响煤层气开发经济性。构造类型的差异也会导致投资的变化，在背斜区煤层气井不需要下水又会使水处理费用增加。

在构造复杂区，往往由于难以对各种构造进行合理评价而使钻井成功率低，从而增加投资。构造虽然可造成一些割理系统从而增加煤层的渗透率，过多地下水又会使水处理费用增加，影响煤层气开发经济性。构造类型的差异也会导致投资的变化，在背斜区煤层气井不需要压裂措施，且只产出少量水，钻井投资成本低；向斜区的产水量则相对较高，投资和成本也大。

煤层中地下水文条件在煤层气开发中具有重要意义，这不仅仅是因为地下水和煤层气同属流体范畴，而且还因为地下水和煤层气可以伴生，煤层气的形成、运移、富集及资源评价、开采等各个方面都与地下水及水文地质条件息息相关。在煤层气项目经济评价中，地下水的影响作用主要表现为水处理费用的增减。当煤层为含水层时，水处理费用也要相应增加，从而增加投资成本。当然，含水量的影响大小还取决于含水层的水量、水质、水温等特征，以及与煤层气的联系程度、方式、范围等各种因素。煤层水分的增加往往使煤层吸附的甲烷减少，钻井压裂费用增加，而不利于煤层气的经济开发。

从经济角度来看，影响煤层气开发的因素包括勘探投资、开发工程投资、经营成本、销售收入、利润和税费。其中，勘探投资由钻井、测井、试采、综合研究及配套工程构成，开发工程投资由地面系统工程和钻井工程投资构成，销售收入由煤层气产量、商品率和售价决定，并随资源开发的稳产期和递减期变动。

政策因素。和天然气不同，煤层气产业在早期发展的主要动力来自于其良好的环境效益，世界主要煤层气生产国都为早期的煤层气产业制定了有利的政策法律，以推动其快速发展。对煤层气开发经济效益具有直接影响的政策来自于政府补贴，政府补贴使煤层气开发对能源安全、煤矿安全和环境保护的效益得到经济上的补偿。中国政府已经为除供应发电以外的煤层气销售制定了财政补贴办法，这在经济评价中必须予以考虑。

地理因素。煤层气行业是资源采掘行业，其经济效益受地理条件的制约。煤层气矿所在的地理位置，对勘探开发工程投资和开采成本都有很大影响，从而对煤层气开采的经济性也具有直接影响。影响煤层气生产经济性的地理因素主要包括自然地理条件、气候条件、地理位置、基础条件、社会条件等，其影响主要表现为地面系统工程建设投资、管线投资、处理工农关系的费用、作业风险等。

资源条件。在甲烷风化带和生物降解带，往往 N_2、CO_2 含量很高；在深层，往往 H_2S 含量较高，这些都容易给煤层气开发下游工程带来困难，造成投资大，效益低。因此，在经济评价中，要考虑煤层气的性质，甲烷含量越高越好。

技术进步。煤层气行业是技术密集型行业。科技进步在煤层气勘探开发中的作用可表现为提高作业效率、降低生产成本、提高采气速度、提高最终采收率，使无效储量变成可采储量、延长煤层气藏的经济寿命等。不管表现形式如何，在经济上都表现为投入减少或收益增加。

煤层气目标区经济评价体系，目前煤层气开发主要有三种方案，即井下抽放、采空区抽放及地面钻井抽放。井下抽放方案主要是为煤矿安全生产服务，煤层气产量有限，抽放率低。采空区抽放产量较高，但是衰减很快，服务年限仅为 3~5 年。地面钻井抽放方案可以大大提高抽放效率，而且煤层气井的服务年限长达 15~20 年。因此，利用地面钻井回收煤层气是我国实现煤层气商业化开发的主要途径，也是在本次经济评价中所确定的开发方式。根据目前我国煤层气主要有利区域的资源条件和正在进行或完成煤层气项目的投入与在煤层气资源地质选区和产量预测的基础上，对我国煤层气目标区进行投资估算、采气成本预测、销售收入与税金预测，并评价其经济性。

三、构建经济评价模型

在开发煤层气项目中，财务盈利能力是项目经济评价模型的主要内容之一，评价开发项目财务投资指标时，普遍使用净现值法、投资利润率、内部收益率、投资回收期四种方法。其中，项目的内部收益率是表明项目的主要盈利指标之一。

1. 净现值法（NPV）

净现值是考查项目在计算期内盈利能力的动态评价指标，可通过项目、现金流量表的净现金量，按照一定的折现率求得。净现值是一种动态评价方法，可较好地反映资金时间价值，有相对较好的合理性、可操作性。由于净现值是折现率的函数。因此，在其他条件一定的情况下，投资项目的取舍取决于折现率的高低。

在煤层气项目中，净现值常常与内部收益率和投资回收期结合一起使用，这也是油气行业最常见的参数组合。

净现值是考查项目盈利能力的相对量指标，也是对项目进行动态评价的最重要的指标之一。其表达式为

$$NPV = \sum_{t=1}^{n} (CI - CO)_t (1 + i_c)^{-t} = 0 \tag{5-9}$$

式中，NPV 为净现值；CI 为现金流入；CO 为现金流出；$(CI-CO)_t$ 为第 t 年的净现金流量；i_c 为基准收益率或设定的贴现率；n 为项目计算期。

净现值指标评价标准是：NPV≥0，项目的盈利能力达到或超过了所要求的盈利水平是合理的，可以考虑接受项目；NPV<0，项目的盈利性不能满足要求，项目不经济，所以该项目不适合开发。

2. 投资利润率

投资利润率是考查项目单位投资盈利能力的静态指标。当煤层气项目开发达到设计能力后的一个正常生产年份的年利润总额与项目总投资的比率，它表示项目正常年份中单位投资每年创造的利润额，其计算公式为

$$投资利润率 = \frac{年利润总额或年平均利润总额}{总投资} \times 100\% \tag{5-10}$$

3. 内部收益率

内部收益率是根据综合贴现率反映经济效益。内部收益率(IRR)是指能使项目在整个计算期内，各年净现金流量现值累计等于零时的贴现率，它是考查项目经济效益的相对量指标，其表达式为

$$\sum_{t=1}^{n} (CI - CO)_t (1 + IRR)^{-t} = 0 \tag{5-11}$$

式中，IRR 为内部收益率，即能使项目在整个计算期内，各年净现金流量现值累计等于零时的折现率；CI 为煤层气开发项目的现金流入；CO 为煤层气开发项目的现金流出；$(CI-CO)_t$ 为第 t 年的煤层气开发项目现金净流量；n 为项目计算期。

IRR 对项目进行评价的判别标准是：若 IRR$\geq i_c$，则认为项目在经济效果上是可以接受的；若 IRR$\leq i_c$，则认为该项目在经济上应当拒绝。

经过经济指标的计算，证明在经济上是可行的：①在资金总量不受限制的情况下，可按净现值指标的大小对各项进行排序，确定优先项目顺序；②在资金总量受限制的情况下，则应按净现值或获利指数的大小排序，对于若干彼此替换的项目，应该取内部收益率 IRR 较大的项目。

4. 投资回收期

投资回收期是以现金形式回收原投资所需要的时间，包括静态的和动态的回收周期。

(1)动态投资回收期(P_t')，考查了资金的时间价值，按现值法计算的投资回收期。可由下式求得

$$\sum_{t=1}^{P_t'}\left(\mathrm{CI}-\mathrm{CO}\right)_t\left(1+i_c\right)^{-t}=0 \tag{5-12}$$

式中，P_t'为动态投资回收期，是指项目在以基准收益率为利率考虑了资金时间价值后还本付息所需要的时间，可表示为

$$P_t'=T-1+\frac{\left|\sum_{i=1}^{T-1}\left(\mathrm{CI}-\mathrm{CO}\right)_i\left(1+i_c\right)^{-i}\right|}{\left(\mathrm{CI}-\mathrm{CO}\right)_T\left(1+i_c\right)^{-T}} \tag{5-13}$$

其中，T 为净现金流量现值累计开始出现正值的年数；CI 为现金流入；CO 为现金流出；$(\mathrm{CI}-\mathrm{CO})_i$ 为第 i 年的净现金流量；$(\mathrm{CI}-\mathrm{CO})_T$ 为净现金流量现值累计开始出现正值的当年现金流量现值；i_c 为基准收益率或设定的贴现率。项目动态投资回收期可与项目的寿命进行比较。当 $P_t'\leq n$ 时，可以考虑接受该项目；当 $P_t'>n$ 时，则不接受该项目。

(2)静态投资回收期(P_t)可通过下式求得

$$\sum_{t=1}^{P_t}\left(\mathrm{CI}-\mathrm{CO}\right)_t=0 \tag{5-14}$$

式中，P_t 为以年为单位的静态投资回收期，是指以项目的净收益回收项目投资所需要的时间。投资回收期短，表面项目投资回收快，抗风险能力强。投资回收期表达式为

$$P_t = T - 1 + \dfrac{\left| \sum\limits_{i=1}^{T-1} (CI - CO)_i \right|}{(CI - CO)_T} \tag{5-15}$$

式中，T 为累计净现金流量首次出现正值的年数；CI 为现金流入；CO 为现金流出；$(CI-CO)_i$ 为第 i 年的净现金流量；$(CI-CO)_T$ 为累计净现金流量首次出现正值的当年净现金流量。

其评价标准是：当 $P_t \leqslant P_c$（基准投资回收期）时，认为项目在经济上是可以接受的；当 $P_t \geqslant P_c$ 时，则认为项目在经济上不可取。

四、敏感性分析

在煤层气项目开发寿命期内，有许多不确定性因素影响项目的经济效益。开发煤层气项目时，当主要影响因素发生变化，了解哪种不确定因素是影响项目效益变化的最敏感因素，以此指导投资决策。

在经济评价时通常进行敏感性分析，敏感性分析包括单因素敏感性分析和多因素敏感性分析。基于单因素敏感性分析是对项目进行评价，保持其他因素不变，每次仅变动一个因素，分析该因素变化对经济效益指标的影响，而多因素敏感性分析是考虑多个因素同时变化的相互作用和综合效果。单因素分析忽略了各个变动因素综合作用的相互影响，多因素敏感性分析研究各变动因素的各种可能的变动组合，每次改变全部或若干个因素进行敏感性计算，当因素多时，计算复杂，工作量成倍增加，需计算机解决。在进行敏感性分析时，通过计算敏感度系数可得知某种因素的变化对项目经济效益影响最大。

敏感度系数是指项目评价指标变化率与不确定性因素变化率之比，其公式为

$$S = \dfrac{\dfrac{\Delta A}{A}}{\dfrac{\Delta F}{F}} = \dfrac{\dfrac{A(F_1) - A(F_0)}{A(F_0)}}{\dfrac{F_1 - F_0}{F_0}} \tag{5-16}$$

式中，S 为敏感度系数；$\Delta A/A$ 为不确定性因素 F 发生 ΔF 变化时，评价指标 A 的相应变化率；$\Delta F/F$ 为不确定性因素 F 的变化率。

根据上述的基本数据计算出开发两种方案的敏感性分析结果如表 5-13 和表 5-14 所示。

表 5-13　单因素敏感性分析表

序号	不确定因素	变化率/%	内部收益率/%	敏感度系数	临界值
1	价格	−20	8.94	2.16	1.20
		−10	12.42	2.08	
		10	18.73	1.95	
		20	20.45	1.86	
2	产量	−20	12.9	0.92	
		−10	14.26	0.91	
		10	16.96	0.81	
		20	18.34	0.84	
3	成本	−20	18.96	1.04	0.60
		−10	17.36	1.06	
		10	13.86	1.18	
		20	12.02	1.17	
4	投资	−20	21.74	1.92	
		−10	18.34	1.68	
		10	13.41	1.46	
		20	11.51	1.33	

注：基本方案内部收益率为 15.69%。

表 5-14　多因素敏感性分析表

序号	不确定因素	变化率/%	内部收益率/%	敏感度系数	临界值
1	价格	−20	9.37	2.13	1.10
		−10	12.97	2.06	
		10	19.43	1.89	
		20	22.38	1.85	
2	产量	−20	13.38	0.91	
		−10	14.88	0.89	
		10	17.77	0.88	
		20	19.19	0.87	
3	成本	−20	19.83	1.07	
		−10	18.18	1.13	
		10	14.48	1.14	
		20	12.58	1.15	
4	投资	−20	22.41	1.86	
		−10	19.16	1.73	
		10	14.09	1.38	
		20	12.13	1.29	

注：基本方案内部收益率为 16.34%。

　　敏感性分析结论，从以上评价结果来看，对于非洲卡鲁盆地煤层气项目的评价，产能规模的方案影响较大的是煤层气的价格，其次是投资和成本，产量因素变动所引起的经济评价指标变动相对较小。

　　通过计算可以看出，当煤层气价格下降 20%，该方案的内部收益率低于基准财务内部收益率，项目在经济上不可行，说明该项目面临的主要是市场风险，相对而言，投资、成本和产量的敏感性不强。

　　从表 5-13 分析可看出，对内部收益率影响程度最大，该因素最敏感；其次为投资和成本；产量影响最小，为最不敏感因素。

　　从表 5-14 分析可看出，影响产能规模的方案影响较大的是煤层气的价格，其次是投资和成本，产量因素变动引起的经济评价指标变动相对较小。当煤层气价格下降 20%，该方案的内部收益率低于基准收益率，项目在经济上不可行；其次是投资、成本因素；产量变动对项目内部收益率影响最小。

五、经济评价结论

　　从以上评价结果来看，对于非洲卡鲁盆地煤层气开发项目，经济上是可行的，按照非洲卡鲁盆地煤层气目前的状况，具有一定收益率。

　　静态回收率，含建设期为 7.89 年，小于石油行业基准投资回收期的 8 年，动态投资回收期为 9.67 年；投资利润率为 11.29%，高于天然气行业投资利润率的 9.8%；另外，财务 IRR 为 15.69%，高于行业基准收益率（i_c）的 12%，项目可行。

　　另外，敏感性分析影响产能规模的方案较大的因素是煤层气的价格，其次是投资和成本。

第四节　非洲卡鲁盆地煤层气项目综合评价

一、社会、经济和环境效益分析

　　非洲是一个电力贫乏的国家，用电量不足，需要依靠购买周边国家的用电量。通过勘探开发煤层气项目，利用丰富的煤层气进行发电效益非常显著，煤层气发电厂比同火力发电相比效益更加明显，项目启动五年后，年发电量可达 35 亿 kW·h，从根本上缓解目前非洲电力紧缺的状况。另外，煤层气综合利用价值高，煤层气的主要成分与常规天然气相同，可以与常规天然气混用，利用天然气管道网络进行输送。

1. 社会效益和经济效益

　　在建立煤层气项目经济评价模型时，不仅要从经济效益考虑，还要考虑其社会效益和环境效益，即建立煤层气项目开发的综合性经济评价模型。因为煤层气项目开发的社会效益主要以定性分析为主，所以主要将煤层气开发的环境效益予以量化。煤层气综合开发带来的社会效益、经济效益和环境效益是显著的。

从近期和中期来看，该项目两期工程建成以后，可以直接拉动产值增加 2 亿美元，可带动相关产业产值增加 10 亿美元，在为企业自身带来较好收益的同时，可为政府带来巨额的财政收入，届时将彻底改变非洲政府目前的财政赤字状况。从社会效益来看，煤层气开发可以减少煤矿安全事故，防治矿井瓦斯灾害，保障社会稳定。

项目启动五年后，年发电量即可达 35 亿 kW·h，这不仅将从根本上缓解目前非洲电力紧缺的状况，还可以直接增加 4000 多个就业机会，间接提供 20000 余人的就业岗位。若从中远期来看，不断增加的煤层气产量还将用于其他工业领域和居民的日常生活，不仅会带动陶瓷、化肥、煤化工等行业的快速兴起，同时还将大幅增加居民的收入水平，极大地改善居民的生活环境和生活质量，将对非洲国家经济社会的发展起到极其重大的推动作用。

2. 环境效益和提高煤炭生产的安全性

从环境效益来看，开发利用煤层气可以有效减少温室气体的排放。煤层气是煤矿安全生产的大敌，其温室效应相当于二氧化碳的 40 倍。在煤炭生产过程中如果对瓦斯处理不当，不仅会对大气质量产生严重的负面影响，而且严重威胁煤矿和工人生命的安全。通过煤层气的开采：一是可以节约能源和资源，大幅减少环境污染和温室气体排放；二是可以从根本上消灭煤炭生产过程中瓦斯爆炸的威胁，有着极其重大的社会效益、经济效益和环境效益。煤层气是优质清洁能源，工程建成以后，每年就可以代替标准煤 114 万 t，每年减少二氧化碳排放 375 万 t、二氧化硫排放 9.6 万 t、氮氧化物排放 8.4 万 t、灰渣排放 30 万 t 和烟尘排放 1.8 万 t，影响全球变暖的六种温室气体的潜力值如表 5-15 所示。

表 5-15　温室气体的全球变暖潜力值

温室气体	全球变暖潜能值（GWP）
二氧化碳（CO_2）	1
甲烷（CH_4）	21
一氧化二氮（N_2O）	310
氢氟碳化物（HFC_S）	140～1170
全氟碳化物（PFC_S）	6500～9200
六氟化硫（SF_6）	23900

二、构建综合效益评价模型

综上所述，卡鲁盆地煤层气项目综合经济评价理论模型可以表述为

$$
\begin{aligned}
NPV_Z &= NPV_C + NPV_H \\
&= \sum_{i=1}^{n}(CL-CO)_i(1+i_c)^{-i} + \sum_{i=1}^{n}\left[P_{CO_2}\times Q_i\times\left(E_{m-cool}+E_{m-CO_2}\right.\right. \quad (5\text{-}17) \\
&\left.\left.-\eta_m\alpha_m\frac{a}{b}\right)\right](1+i_c)^{-i}
\end{aligned}
$$

式中

$$
NPV_C = \sum_{i=1}^{n}(CL-CO)_i(1+i_c)^{-i}
$$

$$
NPV_H = \sum_{i=1}^{n}\left[P_{CO_2}\times Q_i\times\left(E_{m-cool}+E_{m-CO_2}-\eta_m\alpha_m\frac{a}{b}\right)\right](1+i_c)^{-i} \quad (5\text{-}18)
$$

式中，NPV 为煤层气项目综合净现值。当 NPV＞0 时，项目可行；NPV＜0 时，项目不可行。NPV 为煤层气项目经济评价净现值，与前述经济评价方法一致，说明在现有的经济政策下，该项目可行，在计算过程中进行参数取值。

根据该理论模型和上述取值，计算出卡鲁盆地煤层气勘探和生产两个阶段的环境效益评价分别为 619.91 万元和 2670.90 万元。

结合计算出来的数据，由此得出这两种方案的综合效益。从表 5-16 中可以看出，如果加上煤层气开发的环境效益，使两种方案的净现值得以提高，其中一区块开发对环境效益更大一些。

表 5-16　卡鲁盆地勘探、生产两个阶段的综合效益评价

评价指标	单位	产能规模	
		$1.8\times10^6 m^3/d$	$8.6\times10^6 m^3/d$
经济效益	万元	56847.32	269785.49
环境效益	万元	619.91	2670.90
综合效益	万元	76657.23	201656.39
社会效益(定性分析)		减少煤矿安全事故，增加就业区域经济发展	

三、综合效益评价结论

根据对非洲卡鲁盆地煤层气项目的分析，对非洲煤层气资源的开发评估，可

以看出其具有一定的经济效益、社会效益、环境效益，能够缓解当地电力的紧张局面，促进非洲国家的经济发展，减少温室气体排放，取得稳定的投资收益率。

在评价时，考虑煤层气开采的外部性，不仅是评价项目是否可行的因素之一，也是衡量各相关方利益的直接依据，关系到其国家能源环境方面一些政策措施的制定和执行。因此，该模型具有一定的理论和现实意义。

煤层气项目开发是一个投资大、建设周期长、投资风险大的复杂系统工程，对实施项目的投入、产出、效益等经济问题进行经济效益、综合效益评价和市场预测。构建非洲卡鲁盆地煤层气项目经济效益评价模型，主要根据卡鲁盆地含气量低、渗透率高、煤层体积大的煤层气特征，设定煤层气评估参数，分别进行净现值、投资回收期和项目开发敏感性分析，构建非洲卡鲁盆地煤层气综合效益评价模型。

第六章 非洲卡鲁盆地煤层气开发优化管理

第一节 煤层气系统开发管理概述

一、煤层气产能评价

1.煤层气井产能影响因素分析

影响煤层气井产能的关键因素包括煤层气地质特征、压裂增产工艺及排采技术等。地质特征主要包括煤储层渗透率、厚度、含气量与含气饱和度、原始地层压力与临界解吸压力、煤储层最小主应力等；压裂增产工艺主要包括压裂液体系、加砂量和变排量施工工艺、压裂液排率等；排采技术对煤层气井产能有影响，排采制度调整不当，将导致产气时间晚或产气效果不好。

解吸压力与地层压力的比值高，压裂施工时加砂量及液量高，有利于煤层气解吸；变排量施工工艺，利于控制裂缝形态，提高压裂效果；煤层气产出表现出"气、水差异流向"规律。科学的排采制度是保证煤层气井高产、稳产的关键，应当坚持"缓慢、长期、持续、稳定"的原则，保证液面稳定，缓慢下降，保持合理的套管压力工作制度，切忌变化频繁，避免由于煤层压力激动造成煤层坍塌和堵塞。

煤层气解吸、扩散和渗流的特殊性决定了其开采过程与常规气藏生产有较大的差别。常规气藏中天然气和水充满在砂岩孔隙中，气在上、水在下，开采过程中随着含水突破，产气量逐步减少，含水逐步上升；而在煤层气的开采过程中，气水产量的变化经历三个不同的阶段：①早期排水降压阶段。生产初期阶段需进行大量排水，使煤储层压力下降。当储层压力下降到临界解吸压力时，气体才开始产出。该阶段所需的时间取决于井点所处的构造位置、储层特征及地层含水性等因素。当地质条件、构造条件、储层条件等相同时，则取决于排水速度。②中期稳定生产阶段。随着排水的继续进行，储层压力继续下降，气产量逐渐上升并趋于稳定，出现产气高峰，水产量则逐渐下降。该阶段持续时间长短取决于煤层气资源丰度及储层的渗透性。③后期气量递减阶段。当大量气体已经产出，煤基质中解吸的气体开始逐渐减少，尽管排水作业仍在继续，但气产量和水产量都在不断下降，该阶段持续时间较长，可以在 10 年以上。

正常的煤层气生产井都要经历产量上升、稳产、递减三个阶段，但是由于受到煤储层厚度、渗透率、含气量、压裂效果、排采工作制度等因素的影响，每口井的生产规律不完全一致，归纳起来主要有三类生产模式。

（1）模式一。稳产时间短，当产量达到高峰后，很快就开始递减。这类井可能是因为钻井过程中井底附近被污染，经过一定时间的抽排、疏通，排除了污染，恢复了地层的原貌。产气量达到峰值后，就开始递减，稳产期很短，可能与渗透率低、供气面积小及排采工艺制度不合理等因素有关。该类井排水到一定程度，产气量就迅速上升，达到高峰产量后，又开始迅速下降。其原因可能与井附近煤储层渗透率较低、压降漏斗扩展速度慢、供气能力差、排采制度不合理等因素有关。

（2）模式二。其主要特点是当产量达到高峰后，一般要稳产较长时间，然后开始比较平缓地递减。排水到一定程度，产气量迅速上升，并且有比较长的稳产阶段。这类井附近的煤储层一般有较高的渗透率，供气面积大，多为中-高产气井。

2. 煤层气储层数值模拟

煤层气储层数值模拟是研究煤层气储集、运移和产出规律，确定煤储层特征、煤层气井作业制度与煤层气产量之间关系的有效手段，其研究结果可为煤层气资源开发潜力评价和开发方案优化提供科学依据。由于煤层气具有煤、气、水三相共存，吸附能力大，应力敏感性强，钻井过程容易污染的特征，因而煤层气储层数值模拟不能照搬常规油气藏数值模拟的技术。

目前，全球煤层气数值模拟软件主要有七大类得到了广泛的应用。加拿大CMG公司的GEM和START，特别是Start化学驱模型可以模拟地下煤层气气化过程。美国斯伦贝谢公司的Eclipse100和Eclipse300有煤层气模拟专用模块，可以考虑三维、双重介质、气-水两相、非平衡拟稳态吸附模型，但是吸附模型仅仅考虑单一气体吸附，简单考虑煤基质收缩和有效应力对煤储层割理孔隙度和渗透率的影响，不能处理目前最适用煤层气开发的三孔介质模型。煤层气专用软件包括美国ARI公司开发的COMET3和澳大利亚CSIRO开发的SIMED，可以考虑使用三孔隙、双渗透和多种气体共同吸附的模型，不仅能精确模拟储层在低煤阶孔隙里面的自由气和水，而且还能模拟注入多组分气体强化开采煤层气的情况，是目前使用最广的煤层气软件。

3. 开发方案编制原则

煤层气开发方案应按照整体部署、分期实施、滚动开发的原则，提出产能建设步骤，明确各年度工作量和地面分期建设工作量，为年度开发指标预测和投资估算提供依据，对产能建设过程中钻井、完井、录井、测井、试井、增产改造、排采、地面集输、净化处理、动态监测、气田开发跟踪研究等工作提出具体实施要求。煤层气开发方案坚持低成本、高效益原则，确定有效的开发方式、井网部署设计、钻井、优选排采、低压集输及水处理技术参数，确定合理的排采工作制度，控制开发投资。煤层气开发方案应在地质和气藏特征清楚、储量落实、主体开发工艺技术明确的情况下，当实际情况与原方案设计有较大差别或需要进行阶段调整时，应编制煤层气开发调整方案。

二、煤层气开发方案实施

提出推荐开发方案的实施意见，包括现场实施的原则、步骤、进度、质量标准、资料录取要求及有关注意事项。地应力分布预测地应力的测量方法主要有应力解除法、水压致裂法、声发射法、水力阶撑法、古地磁法和电测井分析法等。在综合运用构造地质、岩土力学、分形几何、神经网络等多个学科理论和成果的基础上，应用以上方法实测地应力的大小和方位，结合有限元数值模拟分析地应力场的分布特征，通过筛选和构建输入指标，建立 BP 神经网络模型，对地应力分布进行预测。

人工裂缝监测裂缝不仅决定了抽水效果，还控制了层系划分和井网布置，从而直接影响气井开发效果。煤层气开发工程是一项地下隐蔽工程，压裂所形成的裂缝宽度非常小，很难通过普通的地球物理方法进行有效监测。近年来，我国一些部门进行了相关的实验工作，已创立了一些测试技术，主要包括利用地面微地震、大地电位及井温等方法，进行人工裂缝监测。水平井井眼轨迹的优化设计主要内容包括水平井位置、长度及分支井优化设计。

三、煤层气排采工艺技术

排采方式方面，国内外主要煤层气排采方式包括有杆泵法、螺杆泵法、电潜泵法、气举法、水力喷射泵法、泡沫法及优选管柱法等。选择抽排设备、方法和标准与常规气井相似，主要受预期产水量控制。从排水能力看，电潜泵最理想，但其缺点是正常工作时需要保持稳定的电流，且生产初期电潜泵很容易被煤屑等颗粒损坏。螺杆泵在很多煤层气项目中受到青睐，一方面由于其排水能力强；另一方面由于它能有效处理煤屑，几乎不需要维修。相比上述两种泵，抽油机的有杆泵排液效果要差一些，为低-中等排水，但也不需要维修。气举排采地面设备少，井下管柱相对简单，但在技术上要求很高。气举的最大特点是能够处理固体颗粒出砂、机械方面的影响较小，同时能适应开采初期的大排量排水，并已在美国的黑勇士盆地和圣胡安盆地得到了成功应用。

1. 排采工作制度优化

煤层气井产量直接受控于排采制度。煤层气排采必须适应煤储层的特点，符合煤层气的产出规律。合理的排采制度应该是保证煤层不出现异常出砂及煤粉前提下的最大排液量，主要有以下两种排采制度。

（1）定压排采制度。其核心是如何控制好储层压力与井底流压之间的生产压差，关键是控制适中的排采强度，保持液面平稳下降，保证煤粉等固体颗粒物、水、气等正常产出，适用于排采初期的排水降压阶段。由于排采初期，井内液柱中的气体含量少、液柱的密度变化小，井底流压主要为液柱的压力，因此，排采过程中的定压排采制度主要是通过调整产水量控制动液面，进而控制储层压力与井底流压的压差。

（2）定产排采制度。该制度适用于稳产阶段。由于井内液柱中的气体含量较大，液柱的密度远小于 1，套压较高，因此，定产排采制度可以通过改变套压或动液面来控制井底压力以实现稳产的目的。

通过前期的生产实践，优化初期三级排采制度，形成早期多排水、控制气相流动为原则的八级排采制度，尽可能实现单井见气前压裂液返排速度和产液量的最大化。对渗透性差的高煤阶煤，同时考虑液氮增能助排技术，增加返排能量，提高压裂液返排率。

2. 排采生产管理

概括来说，煤层气排采井的生产是使用油管抽水。煤层气井现场生产管理可分为两部分，即抽吸排液和采气管理。

在排采生产过程中，应通过排采动态监测、气和水样分析化验等方法进行气井动态，以便及时了解煤层气井的生产动态、地层能量情况、各生产层的排液和产气情况、井筒好坏情况、相邻气井之间各层的连通情况、增产措施的效果、流体的性质等，以便不断深化对煤层气储层情况的认识，及时采取合理的排采工作制度，以提高实验区煤层气产量和采收率，提高开发区整体开发效益。

第二节　煤层气地球物理技术管理

一、岩石物理技术

由于煤储层生储合二为一的特点，其岩石物理的研究内容与常规油气储层勘探中的岩石物理研究内容类似，除包括孔隙、裂隙体系分析、渗透率分析、含气饱和度分析之外，还应包括煤储层的可改造性、煤层气藏的封闭特征、煤层气的解吸特征及煤层气成藏条件等方面的分析。尽管煤储层岩石物理研究的内容范围更广，但彼此之间存在密不可分的联系，只有综合分析才更利于煤层气勘探选区与开发。

1. 煤岩吸附、解吸气体的膨胀效应

煤基质在吸附气体时会发生膨胀，在气体解吸后发生收缩。吸附不同气体的

膨胀张量也不相同。煤基质的膨胀和收缩程度,不仅对煤层裂缝渗透率产生严重的影响,还对煤岩表面、孔隙度、渗透率和吸附量等产生影响。研究表明,煤岩膨胀程度与解吸气的体积呈正比,而煤岩胀缩对渗透率的影响则依赖于煤层的力学性质。煤岩吸附/解吸气体时的膨胀效应具有以下特点:①膨胀和收缩的量级随着压力、温度和气体性质的不同而变化;②煤岩的膨胀和收缩在初次吸附解吸气体过程中,会表现出明显的各向异性特征,即不同方向的胀缩量不同;③煤层吸附不同气体时胀缩效应具有不同的可逆性。煤层膨胀量可在实验室测量,例如,利用三轴多气体应力渗流实验,进行不同气体吸附和渗透率测量得到煤岩膨胀效应实际测量结果,此外也可进行煤岩膨胀量的模拟测量。

2. 储层孔隙度和渗透率

煤储层孔隙、裂隙系统的研究是煤层气解吸特征、煤储层渗透性、煤层气藏封闭类型及煤储层可改造性研究的重要基础。煤储层孔隙、裂隙均十分发育,它们是煤层气储存的重要场所,也是煤层气解吸、扩散与渗流的通道。煤储层孔隙、裂隙系统分析的主要内容包括孔隙和裂隙类型煤基岩块孔隙度测定及内生裂隙的孔隙度测定、主要裂隙的填充特征等。裂隙空间配置及其与孔隙关系的分析也是十分重要的研究内容。煤层孔隙测量常用的方法为压汞法或液氮法,也可使用气体体积法。

煤层基质的微孔隙和微裂隙较小,几乎没有渗透能力,煤层的渗透率主要靠煤层割理来提供。压力可使煤层割理压缩性(闭合程度)变化,煤层吸附气体时的胀缩效应也会对割理的压缩性产生影响。另外,煤层的渗透率还表现出强烈的各向异性。

3. 煤分析测试方法技术

效果比较好的煤分析测试方法技术主要以显微分析为主,并辅以宏观测量的煤储层孔隙、裂隙结构特征分析:煤基岩块孔隙度的测量方法,煤内生裂隙孔隙度的测量分析法,煤岩超声波速度测量方法,煤储层背景渗透率的煤标本渗透率测量方法,煤物理力学性质的测量方法及配套取、制样技术,岩石变化的低温氮吸附测定法,测定煤孔隙结构的压汞法,煤储层裂隙分布特征的分形统计等。

煤层气的吸附特性使煤储层参数与该特性有着较大的联系。因此,除了常规储层的参数测量方法外,还要根据煤层对不同气体的吸附特性来测量吸附不同气体过程中储层参数的变化情况。利用吸附特性测量的储层参数主要有孔隙度和渗透率,但在测量过程中,煤储层的其他参数,如胀缩效应、力学性质、割理压缩系数、相对渗透率等都得到了测量和计算。

4. 煤岩中的流体替代

Gassmann 方程和 Biot 理论通过假设储层孔隙中流体的变化，来计算不同流体饱和情况下的弹性模量，进而计算出不同情况下的岩石速度。在煤层气开发过程中的储层研究，揭示了 Gassmann 方程和 Biot 理论对煤层气储层的不适用性。在开发监测中常常要考虑流体替代的情况，这是因为在排水阶段煤层裂缝中含水，而稳定生产阶段煤层割理中含气。目前，流体误差问题的解决思路对煤岩和甲烷弹性参数进行平均，得到弹性模量，计算速度随甲烷吸附量的变化，将孔隙度、渗透率的变化引入到煤岩流体替代模型中，模拟煤岩基质体积量等变化过程。

二、煤层气测井评价

煤层气所采取的测井系列与常规天然气有所不同，测井评价方法与常规天然气差别尤为明显。

1. 煤层气测井系列选择

煤层气裸眼井测井项目一般为：自然伽马、自然电位、井径、井斜、井温、双侧向电阻率、微球聚焦电阻率、补偿密度、补偿中子、声波时差等。对参数井或部分重点探井根据需要加测声电成像、元素俘获、核磁共振测井等特殊项目。煤层气套管井测井项目一般为自然伽马、磁定位、声幅–变密度等，根据生产需要，套管井可加测分区水泥胶结、放射性同位示踪、井温等项目。

2. 煤层气测井评价技术

煤层气测井评价主要包括煤层划分、煤层工业分析含量计算、含气量计算、孔隙度计算。

煤层在测井响应上一般呈现低自然伽马、高电阻率、高声波时差、高中子、低密度、井径扩径等特征，根据煤层特殊的测井响应特征可对煤层进行定性识别，并根据曲线变化划分煤层顶底界。

煤的工业分析指分析灰分、固定碳、挥发分、水分四种成分参数，采用灰分体积模型法、回归分析法两种。

三、煤层气地震识别与综合解释技术

1. 含气性预测技术

煤层气富集会引起煤的体积密度减小，同时对弹性模量、泊松比、弹性波速度、频谱特征、衰减系数、品质因子等弹性力学参数及弹性波特征具有明显的影响。含气性的预测主要是使用各种地震波阻抗反演和 AVO（amplituteversus offset）分析等技术，根据煤储层不同含气量具有不同 AVO 响应的特点，煤层气在波阻抗特征、速度特征或叠前属性特征中表现出异常，从而识别含气性。

地震波阻抗反演技术是综合运用地震、测井、地质等资料揭示地下目标层的空间几何形态和目标层微观特征，它将大面积连续分布的地震资料与具有很高分辨率的测井资料进行匹配。地震波阻抗反演技术是岩性地震勘探的重要手段之一，利用地震波阻抗反演计算煤层气厚度是煤层气地震勘探技术的重要用途。将时间域的地震数据转换为深度域的地震数据，与测井数据联合反演，得到深度域的波阻抗数据体。储层的波阻抗值介于一定振幅之间，以该区间作为某储层波阻抗的最小值，再对全区进行追踪，得到储层的顶板数据，二者之差即为该储层的初始厚度值。利用预测的结果与实际钻井结果进行匹配，可得到采区该储层的厚度。另外，利用地震、测井数据，采用稀疏脉冲反演的方法可反演出储层和顶板岩性的构造。储层厚度和结构的精细反演为圈定煤层气富集区提供了地质基础。

AVO 技术源于 20 世纪 60 年代后期的地震勘探亮点油气检测技术。在地震勘探中，作为烃类、岩性和裂隙的重要检测手段，AVO 技术在石油与天然气研究领域内被广泛应用并有成熟的理论基础。AVO 技术是以弹性波理论为基础，利用叠前共反射点（common reflection point，CRP）道集对地震反射振幅随炮检距（或入射角）的变化特征进行研究，分析振幅随炮检距的变化规律，得到反射系数与炮检距之间的关系，并对地下反射界面上覆、下伏介质的岩性特征和物性参数做出分析，达到利用地震反射振幅信息检测油气的目的。前人对煤层的 AVO 特征进行分析，认为纵、横波速度比和泊松比都随割理密度发育程度增加而增加。国内关于煤层气储层 AVO 响应的分析，认为煤体本身的特征影响了速度变化，其 AVO 响应是由割理或裂缝的发育引起的。煤层气的含量也影响着煤体本身的弹性属性，在实际应用中发现，含有气体的煤储层的弹性属性往往与含气量的多少有一定的函数关系，含气量越高，储层的速度和密度越低。需要注意的是，无论是根据煤层割理密度对 AVO 响应特征的影响，还是根据含气量拟合或者平均近似得到煤层含气量与 AVO 响应之间的关系，都存在着较大误差，这是由于煤层本身胀缩效应和割理发育等复杂性引起的。

2. 裂缝及其各向异性预测技术

煤储层的渗透率主要由煤层中开启的割理和裂缝提供，煤储层的高渗透区往往是煤层割理比较发育的地区。当地震波通过一组垂直或近垂直的裂缝时，如果裂缝间距小于地震波波长，那么地震数据中就能观察到各向异性特征，煤层割理满足地震监测裂缝的条件。

当地震波传播方向与煤层面割理方向之间夹角不同时，弹性参数随之发生变化。通过计算这些参数的变化得到地震方位各向异性特征。地震速度各向异性与裂缝密度和含气量呈正相关关系，从而可对煤层气产率进行预测。采用地震差异层间速度分析方法，同时与常规的泊松比剖面相结合，可以很好地评估煤储层中裂缝系统的存在、方位和密度，进行煤层气勘探开发有利区块的预测。

在多波多分量资料中，横波在各向异性地层中分裂成快、慢横波，从而使横波资料的正响应出现各种异常，包括横波资料的偏振、反射时间、振幅等。这些异常响应特征与地层裂缝发育有关，能够用来识别地层裂缝的方向和密度。在这些异常响应中，横波偏振显示了地层应力变化特征，其结果能够与地质构造解释得到的结果匹配；反射振幅则反映了地震速度和储层压力的变化，预测其变化特征还需要岩心样品分析得到的岩石物理数据。旅行时的方法在识别厚煤层时较为准确，而振幅法则适用于识别较薄的煤层。

相干方差技术利用三维地震数据体中相邻道之间地震信号的相似性，来描述地层和岩性的横向非均匀性。从宏观观察整个工区的断层空间展布及地层岩性的空间变化规律。利用相干方差技术分析预测裂缝，通过分析裂缝与断裂系统的关系，间接预测煤层的裂缝。

曲率属性可以检测较小规模的构造。各种类型的地层曲率属性，可以检测到地震剖面、切片或地层切片中无法直接识别的小规模的断层和褶皱，该方法同样适用于煤层中。利用曲率属性，结合基于地震属性的煤层厚度预测图，可得到与煤层气生产数据比较吻合的构造图。

目前，利用方位 AVO 技术能够有效获得孔隙大小、地层压力、裂缝密度与分布等储层要参数信息，各向异性性质描述煤层割理。但是，AVO 技术本身也存在局限性，如建立在测井资料分析基础上的弹性参数与储层物性线性统计关系的相关系数，难以得到可靠的岩石物理结果，地震处理中真振幅难以保持等问题。

四、开发动态监测技术

在地面煤层气开采中，煤层常常含水，因而开发过程中首先要排水降压，气体才从煤基质中解析出来，并通过扩散、渗流等过程，从煤基质中进入割理中，逐渐充满割理空间。储层割理系统中含水时成为湿煤层，而在煤层气稳定生产阶段，割理系统中主要含气体，称为干煤层。煤层在干、湿煤层阶段能够表现出不同的弹性特征。另外，在提高煤层气采收率的增产过程中，注入的气体通常有氮气、二氧化碳等，注入的气体能够替代割理孔隙的水，并置换出吸附的甲烷，这一过程会导致煤岩弹性属性变化。开发过程中的动态监测，主要是依据煤层割理孔隙内从含水到含气的变化，使得储层速度降低，从而引起地震振幅和阻抗减小，并在不同时间测量的地震资料中显示出差异，该过程一般通过时移地震技术来监测。一般把开采前的地震数据作为监测标准，称为基线数据；在开发过程中的不同时间段，再次或多次采集地震数据，这些数据称为监测数据。研究中常把基线数据和监测数据相减，获得振幅、速度和阻抗等数据之间的变化，对这种异常变化进行分析，获取储层在开发过程中的变化。

在时移地震正演模拟中，一般根据测井数据，给定速度下降量，并观察速度下降后的合成地震记录与原始记录之间的差异。利用时移地震监测煤层中速度和密度的变化过程；利用该地区的测井数据，包括横波、纵波和密度数据，建立正演地质模型；得到初始地层的合成地震发射记录；假设注入气体及排水后储层纵波速度和密度的下降量，然后分不同情况合成地震记录；将速度和密度下降前后的合成地震记录相减，在得到振幅差剖面中，观察模拟的煤层注气和排水后的地震反射变化。

物理模型模拟注气过程使用物理模型模拟的优势在于波的传播过程是真实的，不是基于某种算法，而是基于实际的物理定律。在利用物理模型进行实验时，虽然与数值模拟同样都需要已知地下介质情况，但却不需要处理数值模拟时的一些问题，例如，波动方程本身的近似、边界问题、算法局限性。物理模型模拟的难点主要在于如何选取材料来代替不同流体饱和度下的实际地层特征。目前，物理模型常用材料是环氧树脂薄层、多孔砂岩和熔结玻璃等。

第三节　微地震压裂监测技术管理

一、微地震技术概述

地震监测通常是指利用水力压裂、油气采出或常规注水以及驱动等石油工程作业时引起的地下应力场的变化，导致岩层裂缝或错断产生的地震波微地震，进行水力压裂裂缝成像，对储层流体运动进行监测的方法。在邻井中或地面放置检波器，监测压裂井中压裂诱发的微地震波，通过微地震事件预测裂缝形态及展布特征，它是针对低渗透油气藏压裂改造领域中的一项重要技术，是储层压裂过程最精确、最及时、信息最丰富的监测手段。

微地震技术可以实时监测压裂，实时分析裂缝形态，对压裂参数及时调整。结合测井、地震、岩石地球物理参数，评估压裂效果，估算油气可动用体积；微地震技术还可以为油田开发提供依据，提供裂缝形态、最大主应力方向等，为油田开发井网布设提供重要参考依据。

对作业井压裂，压裂液会进入地下较薄弱的地层。在高压作用下，天然裂缝带的延伸或地层破裂产生新的裂缝都会诱发微地震响应，其能量以弹性波的形式向外传播。在监测井放置多分量检波器接收信号，通过纵、横波传播时间上的差异对微地震信号进行定位，从而得到地下裂缝的形态及发育规律，并对压裂效果进行评价。微地震技术工艺和流程，如微地震采集、处理和解释。

美国之所以成为目前世界上页岩油气开发的领跑者，就是因为它已经熟练掌握了利用地面、井下测斜仪与微地震检测技术相结合的先进的裂缝综合诊断技术，可直接测量因裂缝间距超过裂缝长度而造成的变形来表征所产生裂缝网络，评价压裂作业效果，实现页岩气藏管理的最佳化。

二、微地震采集技术

微地震监测主要分为井中监测和地面监测。基于两种监测方式的不同，微地震采集技术可分为井中数据采集和地面数据采集两种方式。这里主要从检波器的特点和排列特征等方面进行概述。

1. 检波器的特征

检波器是采集微震数据的重要组成部分，检波器性能的好坏，直接影响着信号采集质量的好坏。频带的宽窄、灵敏度的高低和动态范围的大小是衡量检波器性能好坏的三个主要指标。用于微地震监测的检波器往往比常规地震所用的检波器要求要高，即用于微地震监测的检波器要求要有宽频带、高灵敏度和较大的动态范围，这是由微地震的特征所决定的。

在井中和地面所用的检波器也是有区别的。井中监测是把检波器放到压裂储层附近，按一定距离垂直排列，由于没有低速层和风化带的影响，从震源到检波器，微地震的频率衰减较慢，所以井中检测到的一般是高频信号，而且检波器四周的围岩一般比较坚硬，可用加速度仪作为检波器。而地面监测信号受低速层和风化带的影响衰减很快而使微震信号极其微弱。随机噪声的干扰往往会淹没微震信号。地面检测到的微震信号的频率较低，其一般是通过排列的形式采集作叠加来增强信噪比，地面监测可用三分量检波器，也可用单轴检波器。

2. 检波器的排列

微地震检测中检波器排列的目的是提高信噪比和定位微地震事件。根据现场踏勘的资料来设计不同的排列以满足监测的要求。由于监测方法的不同，其排列也可分为井中排列和地面排列，井中排列受井筒限制，排列比较单一，而地面排列则呈多样化。

井中排列可分为单井监测和多井监测，无论是哪种监测方式，井中排列受到井筒的限制都为垂直排列，各个检波器之间的距离可根据现场的实际情况设定。此外，传感器的组合对监测结果也会产生影响。在限制范围内，传感器越多越好。传感器的数目从 4 增加至 16，不确定性减小一半。然而，增加传感器的数量至 25 个时，不确定性减小得不明显。因为平方根的特性，最主要的效果是在传感器数目为两位数时得到的。相似的现象出现在微地震距离和高度的确定上。

地面检波器排列类型主要有三种，星形排列、网格排列和稀疏台网。国外的地面微地震监测多采用前两种。地震监测主要采用稀疏台网式布局，施工简单，成本较低。

目前，地面微地震监测领域出现了一个令人瞩目的趋势，即由大量检波器组成星形排列，正逐渐被稀疏网格永久排列和稀疏台网排列取代，少量检波器及特殊排列观测系统是地面监测未来发展的方向。

三、微地震处理技术

理论上，微地震记录中地震事件一般表现为清晰的脉冲。地震事件越弱，其频率越高，持续时间越短，能量越小，破裂的长度也就越短。但微弱的信号很容易受到噪声的干扰，在地震道上，事件的同相轴会变得很模糊，信噪比极低。为了在地震剖面上能够清晰地识别出微震事件，往往需要对采集的数据进行处理。微地震处理主要包括滤波处理、极化分析（方位角校正）、速度建模、初至拾取及反演定位等，通过预处理和合理滤波，选择有利的微地震事件做极化分析及初至拾取，获得相对震源的方位角和纵、横波时差。同时依据纵、横波时差建立速度模型，从而达到震源精确定位的目的。

1. 井中监测微地震处理技术

偏振旋转井中监测所用的三分量检波器在 Z 轴方向都是垂直的，但各个检波器的两个水平分量不能保证是一致的，即随着深度的增加，检波器的水平方向是随机指向的。这就导致了对于同一个微震事件，各个检波器分量上的波形能量差异很大，同相轴也会因此而变得断断续续，在进行处理之前需要对微地震信号进行偏振旋转。

2. 道内振幅处理技术

微地震信号道内振幅处理是各道中能量由于增益不同使振幅强弱不同，消除增益不同的微地震信号，将所求得的平均值置于各时间段的中点，并通过内插求得对应于每个样点的增益曲线。

道间振幅处理与道内振幅处理相似，不同的是把道内的加权均衡改为道与道之间的加权均衡，使各道的能量都被限制在一定的范围内，以增强同相轴的连续性。

极化滤波在对微地震信号做完振幅处理后，为了提高信号的信噪比，要对信号进行滤波处理。这是利用噪声的频率与在检波器上的视速度不同的特征，通过选择适合的滤波器和滤波方法来减弱噪声，从而达到提高信噪比的目的。微地震中一般采用极化滤波，极化滤波法是基于微地震偏振性质的滤波方法。其基本思想是确定一个时窗内的质点位移矢量的最佳拟合曲线。如果时窗内的波形被确认为 P 波,则该拟合曲线方向为 P 波的偏振方向;如果时窗内的波形被确认为 S 波,则该拟合曲线方向与 S 波的偏振方向一致。极化滤波属于能量滤波方法中的一种。

初至拾取就是读出 P 波、S 波的初至时间,用手工目测读数或在工作站上交互式拾取都可以,由于微震波形具有很好的相似性,故可以根据微震波形相似性和有关统计规律,进行高精度拾取。另外,互相关法也是较为精确的初至拾取方法。

速度模型的精准度决定微震事件定位的精确。如果未能在校准炮集上观测到清晰的 S 波,那么同时应用速度模型与校准炮和微地震波上可以帮助校准速度模型,最后优化得到的速度模型总会有一些相关的不确定性,这个可以用来测量微震波位置变化的敏感度,而位置变化是由速度模型中这些微小的不确定因素造成的。

根据反演所依据的时间和波场,微地震反演可分为走时反演和能量反演。反演定位可以帮助我们更好地了解压裂效果,评估压裂过程中裂缝发育方向。

(1)走时反演。走时反演一般可分为两种:纵横波时差法和同型波时差法。当地震记录上同时存在有足够高信噪比的纵、横波信号时,并且纵、横波速度已知,可以采用纵横波时差法。当地震记录同一点上时,采用同型波时差法。这两种方法的假定条件,均假设介质模型为均匀介质模型。

(2)能量反演。能量反演是以地震波动力学基础来研究的,比较常用的方法有发射层析成像。该方法适用于地面微地震监测低信噪比的情况,基本原理是用数值模拟的方法研究震源定位的特点,揭示成像定位效果与站点个数、信噪比、站点结构分布关系。

3. 地面监测微地震处理技术

地面监测到的微地震数据需要进行静校正。由于缺少表层速度信息,因此相对于常规地震资料来说,地面微地震资料的静校正处理难度更大。目前,在国内外相关研究中,地面微地震资料的静校正量要靠射孔事件的信息来求取。静校正之后步骤的处理流程跟井中类似,不再赘述。

通过极化分析完成检波器的方位校正,在该过程中,可以对速度模型进行进一步修正,在定位参数设置好的基础上,完成反演定位工作。在资料较好的情况下,通过自动 P 波、S 波的拾取,完成的定位可以达到一定的效果。

四、微地震解释技术

对微地震数据的解释是对反演出的微地震事件点或微地震能量图的时间-空间域解释。由于微地震事件定位精度的限制以及微地震事件位置的不确定性,目前对微地震监测结果的解释,已经从对单一微地震数据的解释扩展到微地震数据与其他不同类型数据集结合的综合解释,具体包括微地震与压裂施工曲线结合、微地震与三维地震结合，确定裂缝位置、裂缝网络的几何尺寸、裂缝带与断层关系、最大地应力方向、压裂体积、压裂导流能力以及评估压裂方案等。

1. 微地震与压裂施工曲线

结合低渗透油气藏中天然裂缝存在将对压裂施工和压后效果产生重大影响。因此，分析与评价地层中天然裂缝的发育情况非常重要。目前，识别裂缝的方法主要为岩心观察描述、FMI 成像测井、核磁测井或地层倾角测井等特殊测井方法。利用压裂施工过程中的压力响应也可定性判断天然裂缝的性质。一般，地层中存在的潜在天然裂缝，在地应力条件下处于闭合状态，一旦受到外界压力的作用，潜在缝会不同程度地张开；若井筒周围存在较发育的天然裂缝，在压裂过程中，由于注入压力的作用，导致潜在裂缝张开，则初始的压裂压力不会出现地层破裂的压力峰值；在地层不存在天然裂缝的情况下，裂缝起裂时，则在压裂压力曲线上将出现明显的破裂压力值。

2. 微地震与三维地震结合

利用三维地震属性(蚂蚁体)和三维地震叠前反演(泊松比)信息辅助解释微地震数据。对于微地震事件的异常分布，可通过三维地震几何属性，如蚂蚁体和曲率属性所揭示的天然断层或裂缝的分布进行验证，同时，叠前反演参数泊松比指示储层脆度，即可压裂性的大小，可检验具有较大震级的微地震事件的分布是否与岩性分布一致。另外，微地震事件点所代表的水力裂缝的分布与天然断层或裂缝的叠合显示，可进一步揭示作为压裂屏障的天然断层或裂缝的存在，进一步解释水力裂缝延伸的动态过程和控制因素。

微地震解释工作除了提供裂缝的形态和发育规律之外，还需要结合该区地应力方向、断层发育规律、测井、地球物理参数、地震等一系列信息，对压裂效果进行评估，估算油气可动用体积，并为后续的油田井网布设提供依据。

五、煤层气测井勘探技术

煤层气地球物理探测技术主要分为煤层气测井技术和地震勘探技术。煤层气测井主要解决地层划分、岩性判别，划分和确定煤层和夹矸的深度、厚度，可以进一步计算煤层的固定碳、灰分和水分，估算煤层的挥发分和含气量；进行流体分析，以及含水性、渗透性分析。地震勘探技术主要是探测煤层赋存状态、构造形态、断层发育特征，定性、半定量地解释煤层厚度。国内外煤层气地球物理技术中煤层气测井方法有许多种，每一种测井方法都是针对煤层某一特性的测井响应。煤层气测井深度一般小于2000m，在2000m以下煤层常处于低解吸带，不利于煤层气的勘探。美国在勘探开发黑勇士煤层气田中使用了密度测井(高分辨率密度测井、岩性密度测井）、井径测井、双侧向测井、微电极测井、电阻率测井、自然电位测井、中子测井、声波全波测井及 FMS 等方法。

中国对于煤层气测井技术的研究也做了许多工作：研制开发出的煤层气测井系列和评价软件取得了不错的效果；利用神经网络方法计算煤层的灰分，进而计算煤层含气量，能定性地指示煤层渗透性好坏；通过测井资料与岩心分析资料的对比，重新建立了晋城、吴堡、大宁-吉县三地区煤层含气量解释模型。目前所采用的煤层气测井方法，既能降低成本，又能解决实际问题的测井方法通常有八种，即补偿中子测井、补偿密度测井、补偿声波测井、深侧向测井、浅测向测井、自然伽马测井、自然电位测井、井径测井。但是，为了解决一些特殊的地质问题，通常还要加测一些项目，如核磁共振测井、井周声波成像测井、微电阻率扫描测井、多极阵列声波测井、自然伽马能谱测井、地层倾角测井等。不过，值得注意的是，有煤层气公司在对煤层气测井方法选择、煤层气测井数据采集解释和相关方法，以及利用测井资料评价煤岩煤质和计算煤层含气量进行了较有成效的研究之后，认为煤层所使用的最佳测井系列应为密度测井、声波时差测井、自然伽马测井、电阻率测井（LLD、LLS）和井径测量（CAL1、CA12）五种测井方法，其他辅助性测井包活自然电位测井和温度测井。

煤层气储层测井评价技术，具有分辨率高、识别效果好、快速直观、费用低廉等特点。国内外在煤层气储层测井评价技术及其理论方面开展了不少研究工作。美国等西方国家在测井方法评价煤层气储层参数方面建立了物理模型和经验公式，做了大量的工作。针对中国的地质情况和煤层储集层的特征，国内也展开了一些研究：开展了有关煤层气测井数据采集解释和相关方法的研究；并利用神经网络、模糊模式识别、多元统计、灰色系统理论、裂缝性储层评价理论等，进行煤层气识别、孔隙率和含气量等储层参数的计算方法研究。综合分析已有的研究工作，可将煤层气储层测井评价技术分为四种，即基于常规天然气储层评价的定性识别方法、基于体积模型的储层评价方法、基于概率统计模型的储层评价方法和基于神经网络模型的储层评价方法。尽管国内外煤层气储层测井评价技术研究工作取得了一定效果，但还没有形成系统全面又实用的煤层气测井评价技术体系。因此，有必要全面系统地研究储层测井评价技术及相关理论。

煤层气地震勘探技术就是利用人工方法激发的弹性波来定位矿藏（包括油气、矿石、水、地热资源等），获得工程地质信息及地震勘探资料，与其他地球物理资料、钻井资料及地质资料联合使用，并根据相应的物理与地质概念，能够得到有关构造的信息。煤层气地震勘探，可分为煤层气地震数据采集、地震资料处理、地震资料解释三个阶段，每个阶段又有各自具体内容要求。近几年来，煤层气地震勘探技术得到了很大的发展，PC 计算机群大规模投入使用，可视化、虚拟现实、网络技术飞速发展，高分辨率地震、三维地震、三维地震勘探 AVO 技术、地震属性技术、四维地震、井间地震 CT 测试技术、多波多分量地震（三维三分量方法），使发展前沿的地震勘探技术正跃上新台阶，为煤层气的勘探开发提供了重要的技术支撑。

煤层气开发过程中，使用测井方法可以建立煤系地层岩性剖面、确定煤层含气量、煤层体积和孔隙率、煤储层渗透性评价、煤储层裂缝、煤层厚度、煤层机械特性参数等。中国煤系地层主要岩性是砂岩、泥岩和煤，个别地区还有较厚的碳酸盐岩地层。在煤层气井的钻进过程中，首先通过岩心、岩屑及气测等录井手段确定岩性剖面，然后用电性资料对已建立的地质剖面进行岩性归位。煤层含气量的常用测定方法包括利用体积模型概念分析法和纵横波时差值法。利用密度测井计算法、朗缪尔公式计算法定量确定煤层含气量。对于煤层孔隙体积和孔隙率，核磁共振测井是目前确定煤层有效孔隙率最直接，也是最有效的一种方法，但应考虑其误差的影响。煤储层渗透性评价的测井系列有微电阻率测井、微电极测井、自然电位测井、地层微电阻率扫描测井、声波测井等，其中前两种最为常用。要定量评价煤储层渗透性，目前用双侧向测井计算煤层裂隙，并用交绘图技术得出相关方程，进而评价煤储层裂缝渗透率。研究煤储层裂缝的测井方法主要有微侧向测井、双侧向测井和成像测井等。微侧向的数值受钻井液的导电性能影响较大。如果煤层电阻率比较高，发育垂直裂缝，在双侧向上会出现正幅度差，差异大小取决于钻井液的滤液电阻率与地层水电阻率的大小以及裂缝发育程度。井周成像仪器分辨率越高，越能分辨割理切缝造成的非均质性。煤层厚度划分，即利用测井资料准确地划分出煤层与顶底板层的界面深度。煤层密度测井的截止值，可以确定出煤层的边界，进而确定出煤层的深度和厚度。

对煤层有密切响应的测井如自然伽马测井、体积密度测井和电阻率测井等都可用来有效地确定煤层厚度。对于煤层机械特性参数评价，使用多极阵列声波测井、多极阵列声波可以精确地确定地层的纵、横波参数。应用密度测井、纵波时差、横波时差，就可以提供杨氏模量、体积模量、切变模量、最大及最小水平应力、上覆地层压力、钻井液压力、周向应力、径向应力、破裂压力、坍塌压力、泊松比、摩擦角、斯仑贝谢比、裂缝指数等几项参数。利用这些岩石机械特性参数可以进行煤层与顶底板层机械特性的测井解释、地应力测井解释、顶底板层的封隔性测井解释、井眼稳定性测井分析、地层强度测井解释，以及压裂设计、水力压裂缝高度预测等，以便为煤层气开采提供参考数据。

煤层气三维地震勘探 AVO 技术是一项直接探测煤层气的地震勘探技术，其主要原理是利用地震波振幅随偏移距（入射角）的变化，预测气体富集的部位。目前该技术在美国应用较为成功，属较前沿技术。国内学者对利用 AVO 技术预测煤层气富集特征进行了有益的探索，研究了煤层厚度对 AVO 异常特征的影响；在实验室测定了围压下构造煤的波速特征；在矿区以 AVO 技术探测瓦斯富集为重点进行系统研究，并取得了初步效果。多分量勘探技术作为纵波处理技术的延伸，在转换波的处理上有着良好的作用，但还不是很成熟。在多分量勘探技术发展中，各向异性介质转换波的成像技术是近几年研究开发的重点，是解决复杂地质、构造成像等问题的关键所在。井间地震声波层析成像技术（井间 CT 方法）是通过改变震源和接收器的位置进行发射和接收，使尽可能多的地震射线穿透井间剖面的全部区域。利用井间 CT 方法可以描述煤层赋存状态（厚度、形态、深度等），可以对煤层压裂后形成的裂缝的平面、垂向分布及断裂构造分布特征进行研究。

煤储层的自身特点决定其物性的非均质性和各向异性，这给测井资料解释造成很大的困难，利用测井方法直接计算煤储层含气量仍是难点，虽然有学者研究出了估算煤层含气量的模型，但存在地区限制和不能直接计算等问题。煤层储层渗透率计算难度大，采用前人估算公式计算存在较大误差。尚无一套较普遍适用的定量计算煤储层裂隙参数和评价煤储层渗透性的方法，成为制约测井技术推广应用的瓶颈。许多测井方法及评价技术由国外借鉴，但其是否适用于我国煤层地质特点有待进一步检验。针对上述问题，应在以下三个方面加强攻关：①加强煤层气测井基础理论研究；②研制、引进新的测井方法，并加强应用研究；③加强对煤层气储层测井处理解释与评价软件系统的研制开发。

随着煤层气勘探开发的深入，地球物理正从一种勘探工具向储层描述和监测工具过渡。大量的地面信息、地震数据与越来越多的地下信息（VSP、测井、钻井、生产等）紧密结合，能够从地面数据中挖掘出越来越多的地下信息。对于煤层气地震勘探技术，需要注意以下三个方面：①地震资料反演由叠后走向叠前；②将地震属性技术正确应用于真三维地震解释、储层特征参数描述、煤田瓦斯灾害预防等领域，具有重要的现实意义。三维三分量地震资料处理技术作为纵波处理技术的完善和延伸，需要在借鉴前人研究成果的基础上，针对煤层气的研究特点，在研究思路、研究方法上有所创新，推动三维三分量地震资料处理技术向前发展。

第四节　"井工厂"钻井技术管理

"井工厂"技术已在美国、加拿大等国得到了大量应用，既提高了作业效率、降低了工程成本，也更加便于施工和管理，特别适用于致密油气、页岩油气等低渗透、低品位的非常规油气资源的开发作业。在北美非常规油气革命的进程中，"工厂化钻完井作业模式"作为核心技术，在提高生产效率、降低工程成本方面发挥了巨大作用。目前，国内"井工厂"钻井技术的攻关和现场实验已经启动，相应的基础理论研究、配套设备仪器及工艺技术等正在不断完善，并初步完成了若干"井工厂"平台的钻完井施工作业，取得了阶段性成果。

一、"井工厂"的概念及特点

"井工厂"的概念起源于北美,最早是美国为了提高作业效率、降低工程成本,将大机器生产的流水作业线方式移植到非常规油气资源的勘探开发上。

"井工厂"技术可以概括为:在同一地区集中布置大批相似井,使用大量标准化的装备或服务,以生产或装配流水线作业的方式进行钻井和完井的一种高效、低成本的作业模式,即采用"群式布井、规模施工、整合资源、统一管理"的方式,把钻井中的钻前施工、材料供应、电力供给等和储层改造中的通井、洗井、试压等,以及工程作业后勤保障和油气井后期操作维护管理等工序,按照工厂化的组织管理模式,形成一条相互衔接和管理集约的一体化组织纽带,并按照各工序统一标准的施工要求,以流水线方式,对多口井施工过程中的各个环节进行批量化施工作业,从而节约建设,开发资源,提高开发效率,降低管理和施工运营成本。

工厂化钻完井作业模式是井台批量钻井、多井同步压裂等新型钻完井作业模式的统称,是贯穿于钻完井过程中不断进行总体和局部优化的理念集成,目前仍处于不断地发展和改进中,是一种全新的钻完井作业方式。

其主要特点可归纳为:①系统性。井工厂技术是一个把分散要素整合成整体要素的系统工程,不仅包括技术因素,还包括组织结构、管理方法和手段等。②集成性。"井工厂"的核心是集成运用各种知识、技术、技能、方法与工具,满足或超越对施工和生产作业的要求与期望所开展的一系列作业模式。③流水化。移植工厂流水线作业方式,把石油钻完井过程分解为若干个子过程,前一个子过程为下一个子过程创造执行条件,每一个过程可以与其他子过程同时进行,实现空间上按顺序依次进行、时间上重叠并行。④批量化。通过技术的高度集成,做到流水线上人和机器的有效组合,实现批量化作业链条上的技术要素在各个工序节点上不间断。⑤标准化。利用成套设施或综合技术使资源共享,如定制标准化专属设备、标准化井身结构、标准化钻完井设备及材料,以及标准化地面设施和标准化施工流程等。⑥自动化。综合运用现代高科技、新设备和管理方法而发展起来的一种全面机械化、自动化技术高度密集型生产作业。

鉴于非常规油气藏的强非均质性,水平井井眼轨道设计及井眼轨迹控制至关重要,钻、完井除了要考虑地质甜点因素外,更要考虑到后期压裂改造时裂缝延伸方向的问题。换言之,要实现地质与工程的一体化,须从整体上考虑钻完井及储层改造技术一体化,才能最大限度地挖掘非常规油气储层的潜力,达到经济有效开发的目的。

水平井钻井方位的选择既要考虑有机质与硅质富集、裂缝发育程度高的地质甜点区,同时也要考虑地应力、脆性和可压性等完井甜点区。钻井方位应与最大水平主应力或裂缝的方向垂直,可以使井眼穿过尽可能多的地层而与更多的裂缝接触，同时有利于体积压裂，形成网络缝，提高非常规油气采收率。由于非常规油气储层的各向异性强，尽管井与井之间相距几百米，但最小水平主应力方向有时会发生变化，因此井眼方位设计除利用区域地应力确定方向外，还要利用局部的三维地震资料确定方位。

利用三维地震资料能够更好地设计水平井轨道，使水平段尽可能穿越有机质、硅质和裂缝富集区等甜点区，但要避开断层和大漏失层位。一般页岩气井的水平段越长，采气面积越大，储量的控制和动用程度越高，但是水平井的设计长度并不是越长越好，水平段越长，施工难度越大，脆性页岩垮塌和破裂等复杂问题越突出。同时，由于井筒压差的存在，水平段越长，抽吸压力越大，页岩气总体产量反而降低。此外，从经济技术的角度考虑，水平段越长。钻井及开发耗费资金越多，成本越高。

非常规油气藏"井工厂"有两种布井方式：一是对应于钻井方位与最小水平主应力斜交的井，主要采用"K"字形和"米"字形布井方式；二是对应于钻井方位与最小水平主应力平行的井，主要是"U"字形布井方式。

（1）"K"字形和"米"字形布井方式。这种布井方式主要用于钻井方位与最小水平主应力呈一定角度情况，其设计目的是降低扭方位的幅度，在满足压裂要求的情况下，尽可能降低钻井施工难度。鄂尔多斯盆地大牛地 DP43 井平台采用"米"字形布井方式，2013 年，涪陵页岩气实验区采用了"K"字形布井方式。

（2）"U"字形布井方式。该布井方式主要用于钻井方位与最小水平主应力平行或近似平行的情况，其设计的目的是为确保压裂效果，钻井方式要平行或近似平行最小水平主应力方向。国外大多数非常规油气田及国内涪陵页岩气田一期产建区都采用了这种布井方式。

二、"井工厂"井眼轨道设计技术

一口水平井的实施，首先要有一个轨道设计，才能以此设计为依据进行具体的水平井钻对于不同的勘探、开发目的和不同的设计限制条件。水平井的设计方法多种多样，每种设计方法，都有一定的设计原则。一口水平井的总设计原则，应该是能保证实现钻井目的，满足采油、采气工艺及修井作业的要求，有利于安全、优质、快速钻井。在对各个设计参数的选择上，在自身合理的前提下，还要考虑相互的制约，要综合地进行考虑。

（1）选择合适的井形状。复杂的井眼形状势必带来施工难度的增加，因此井眼形状的选择，力求越简单越好。从钻具受力的角度来看，目前普遍认为，降斜井段会增加井壁的摩阻，引起更多的复杂情况。增斜井段的钻具轴向拉力的径向分力，与重力在轴向的分力方向相反，有助于减小钻具与井壁的摩擦阻力。而降斜井段的钻具轴向分力，与重力在轴向的分力方向相同，会增加钻具与井壁的摩擦阻力。因此，应尽可能不采用降斜井段的轨道设计。

（2）选择合适的井眼曲率。井眼曲率的选择要考虑具造斜能力的限制和钻具刚性的限制，结合地层的影响，留出充分的余地，保证设计轨道能够实现。在能满足设计和施工要求的前提下，应尽可能选择比较低的造斜率。这样钻具、仪器和套管都容易通过。当然，此处所说的选择低造斜率，没有与增斜井段的长度联系在一起进行考虑。另外，造斜率过低，会增加造斜段的工作量。因此，要综合考虑非常规油气钻井常用的造斜率范围。

（3）选择合适的造斜井段长度。造斜井段长度的选择影响着整个工程期进度，也影响着动力钻具的有效使用。若造斜井段过长，一方面由于动力钻具的机械钻速偏低，使施工周期加长；另一方面由于长井段动力钻具，必然造成钻井成本的上升。所以，过短的造斜井段也是不可取的。因此，应结合钻头、动力马达的使用寿命限制，选择出合适的造斜率，既能达到要求的井斜角，又能充分利用单只钻头和动力马达的有效寿命。

（4）选择合适的造斜点。充分考虑地层稳定性、可钻的限制，尽可能把造斜点选择在比较稳定均匀的硬地层，避开软硬夹层、岩石破碎带、漏失地层、流沙层及易膨胀或易坍塌的地段，以免出现井下复杂情况，影响定向施工。造斜点的深度应根据设计井的垂深、水平位移和选用的轨道类型来决定，并要考虑满足采油工艺的需求，应充分考虑井身结构的要求，以及设计垂深和位移的限制，选择合理的造斜点位置。

（5）二维井眼轨道设计。二维井眼轨道设计是指设计轨道只在同一铅垂平面内变化，即只有井斜角的变化，而没有井斜方位的变化。常规二维水平井轨道设计由直线段和圆弧段组成，其形式多种多样，但主要为双增型（直+增+稳+增+平）。常规二维井眼轨道控制简单，其求解方式是给定轨道设计参数，求解稳斜段的井斜角段长。针对不同的问题和要求，有时需要更灵活的轨道组合形式以及灵活地求解轨道设计参数，这时就难以满足要求。如根据轨道控制工艺或采油生产的要求，需要限定稳斜段井斜角和稳斜段长，这时就需要反复进行试算来达到设计目的。

非常规油气资源开发主要采用"井工厂"水平井开发，受井场和地下靶点空间位置的限制，大多数井要进行三维井眼轨道设计。从几何结构上讲，实现这种要求的三维轨道有无数条，如何在多约束条件下设计出合理的三维轨道和精确求解轨道设计参数一直是一个难题，目前常采用的方法如下。

一是给出吻合点，即稳斜点的井斜角和方位角。此时须求解线性方程组，但解的稳定性差。如果给出的井斜角和方位角不合适，将导致无解。在有解的情况下，也可能因人为给出的参数不合适，造成轨道设计不合理，不便于工艺实施。

二是求解非线性方程组。常见的三维井眼轨道设计模型是一组多维非线性方程组，其求解非常困难。

三是用优化方法进行轨道设计。建立轨道设计优化模型，通常的做法是以与设计目标偏差最小为优化目标，以决策参数的取值范围为约束条件，在约束区间内优化目标函数，这样就将三维设计问题变换为一个约束优化问题，从而求得约束参数，即轨道设计参数。该方法有实际意义，但对求解决策参数的变量的取值范围给定要求较高，难以求解。

四是利用迭代法求解。可将水平井三维轨道设计问题转化为定向井三维设计问题，再进行迭代求解，这是一个简便且有效的方法。但实践表明，在特殊设计要求条件下，求解某些多重迭代，是寻求一种井眼轨道的新设计方法，可求出设计模型的精确解，而且设计轨道模型也具有普遍性、灵活性和实用性，以满足不同的井眼轨道设计要求。

（6）"井工厂"的防碰。计算对于非常规丛式水平井而言，由于设计轨道与设计轨道、设计轨道与实钻轨迹、实钻轨迹与实钻轨迹之间的距离很近，因此，不论是在设计时的防碰考虑不周，在实钻时的防碰控制不及时，都有可能导致最后的正钻井与邻井的轨迹相碰，从而造成严重的工程事故。因此，非常规油气"井工厂"防碰是一个非常关键的技术问题，应用在"井工厂"的防碰预测方面。在法面扫描的方向图上，显示出两个井眼轨迹是逐渐靠拢，还是逐渐分开，这就提示了工程人员是否有井眼轨迹相碰的潜在危险，以便及时做出相应的防范措施。

三、水平井钻井工艺

1. 常规导向钻井工艺

技术导向钻井系统主要由导向马达、MWD、钻头组成。目前，有三种导向马达，即可调弯度的导向马达（AKO）、固定的双弯马达和单弯马达。导向钻井系统是目前最常用的定向钻井系列工具，使用这种系统，可使工程人员在下钻的情况下就能够准确、连续、经济地完成多种定向作业，以及复杂的长井段作业，实现连续钻进和连续控制轨迹。

这种连续控制轨迹的技术出现后，很快就得到发展，并被推广应用于各类定向井及水平井中，由于万向节外壳在同一平面内呈反向弯曲，使钻头轴线相对于井眼轴线稍微倾斜。反向双弯外壳先以一角度朝一方向弯曲，后在同一平面内以更大的角度朝相反方向弯曲，两弯曲角度之差就是钻头与中心轴线之间的夹角。由导向马达的上稳定器、下稳定钻头三个支点确定固定圆弧，三点位置一经确定，就具有固定不变的增斜率，即"全角变化率"。进行牵向和扭方位作业时，锁住转盘。由于配有 MWD 仪器，可随时监测井眼轨迹，如果再配上耐用的 PDC 钻头，可实现在不起钻的情况下连续控制井眼轨迹。

导向钻井系统最大的特点是用一套钻具组合实现多种定向作业，这样就节省了大量的起下钻时间，缩短了建井周期，节约了钻井费用，有特别重要的意义，其主要优点如下：一是及时控制井眼轨迹，提高钻井的准确性。采用 MWD 跟踪监测井眼轨迹，一旦发现轨迹不合要求，便可随时进行方位和井斜的调整，提高井眼轨迹的精度。二是减少起下钻次数，提高钻井效率。由于使用套井下钻具组合，就能完成多种定向作业，减少了起下钻的次数，从而避免许多井下事故的发生。充分发挥钻头潜力，提高机械钻速。由于导向动力钻具的多功能性，减少了为控制井眼轨迹而进行的起下钻作业，从而得以优化钻头使用效果。三是钻头受到的侧向力一般较小，也有利于延长钻头寿命和增加钻头进尺。利用计算机技术监测与预测井眼轨迹，以及导向马达和钻头的工作性能，能及时调整有关可控因素、钻进方式，确保井眼轨迹控制得以安全、准确、迅速、连续地进行。

2. 旋转导向钻井技术

旋转导向钻井是指钻柱在旋转钻进过程中，实现过去只有传统泥浆马达才能实现的准确增斜、稳斜、降斜或者纠方位功能，旋转导向钻井技术的核心是旋转导向钻井系统，它主要由井下旋转自动导向钻井系统和地面监控系统，以及将两部分联系在一起的双向通信技术组成，旋转导向钻井系统的核心是井下旋转导向工具。测量系统包括近钻头井斜测量、地层评价测量、随钻测量仪器等，用于监测井眼轨迹及地层情况等基本参数。控制系统是接收测量系统的信息或对地面的控制指令进行处理，并根据预置的控制软件和程序，控制偏置导向机构的动作。旋转导向钻井技术与传统的滑动导向方式相比，有以下比较突出的特点：一是旋转导向代替了传统的滑动钻进。一方面大大提高了钻井速度，另一方面解决了滑动导向方式带来的诸如井身质量差、井眼净化效果差及极限位移限制等缺点，从而大大提高解决了大位移井的导向问题。二是具有下钻自动调整钻具导向性能的能力，大大提高了钻井效率和井眼轨迹控制的灵活性，可满足高难度特殊工艺井的导向钻井需要。三是具有井下闭环自动导向的能力，结合地质导向技术使用，使井轨迹控制精度大大提高。旋转导向钻井技术的这些特点，使其可以大大提高油气开发能力和开发效率，降低钻井本和开发成本，满足油气勘探开发形势的需要。

四、超短半径径向水平井钻井

采用电磁限速或油压限速装置，结合地面泵压及排量的合理控制，可以有效控制水力破岩钻头的旋转速度及其在煤层中的钻进速度，从而保证高压旋转水射流具有良好的打击性能，确保钻头高效破岩钻进。采用超短半径径向水平井钻井新技术，可以沿不同的方位在煤层中水平钻进，定向效果好，能有效地沟通煤储层发育的天然孔隙和裂缝，从而改善裂缝导流能力，提高煤储层的渗透率；在煤层中钻长孔，可以有效地增加孔与煤储层的接触面积，从而将会增大煤储层的泄压面积，扩大煤层气的解吸范围，从而提高煤层气井的单井产量和煤层气的采收率。目前，澳大利亚已成功应用高压水射流在煤层中钻水平孔长度达到 428m，破岩钻进速度达到了 30m/min，特别是从 20 世纪 80 年代末发展了磨料射流可以用来射孔，使工作压力降至 30MPa，油田使用的水泥车即可满足要求。天津波特耐尔石油工程有限公司前不久利用该技术在东北地区完成了八个分支的煤层径向水力喷射钻井施工，预计产气量在 4000m³/d 左右，而该地区常规射孔压裂井的产气量大约为 800m³/d，一口采取径向水力喷射施工的煤层气井产量相当于常规完井方法 4～5 口井的产量，显示出该工艺具有良好的增产效果。因此，径向水平井钻井新技术完全可以应用于煤层气开采中，以提高单井产量达到工业生产水平，成为煤层气开采中新的增产措施。

五、提高煤层气采收率裸眼完井技术

动力裸眼完井实际上是一种交变应力压裂技术。采用顺序注入和返排空气水的工艺进行压裂，反复注入-返排作业可诱发井与储层的连通，其效果与已有整理系统和诱发的裂缝产生张力、拉力和剪切破坏有关，它能大幅度提高产量，目前在美国应用广泛。

地面水力压裂与酸化则是移植了石油开发中提高地层渗透率的方法，试图通过压裂煤层、酸溶可溶性矿物达到提高渗透率的目的，几乎所有煤层都经过了后期增产改造才得以投产。由于煤层原生裂隙十分发育，故其理应具有良好的渗透性。由于后期构造应力的约束作用，使煤体的裂缝处于闭合状态，从而表现出较低渗透率。如果采用某种方法使煤层的应力约束取消，则无论煤基质呈弹性行为，还是呈黏弹性行为，一段时间后其裂缝将自行张开，造成良好渗透性。良好的渗透性造成煤层甲烷的有效解吸，在此解吸过程中煤体基质内呈固溶吸附态的甲烷分子也随之逸出，造成煤体基质收缩，收缩率可高达 2%～3%，裂隙进一步张开，并向纵深发展，从而形成更大范围、更良好的渗透性区域，有利于更深部、更多的、更彻底的甲烷解吸。如此一个良性循环，便达到顺利开采煤层气的目的。

裸眼洞穴完井法就是适合于低压高渗煤储层的完井与增产技术，其本质是释放应力。尽管该方法虽然已在美国得到了成功的应用，但问题是一方面他们已经申报了该技术的专利，已属商业秘密；另一方面中国与美国煤储层存在地质特征上的本质差别，所以我们必须自己进行研究与开发该技术，主要研究在排除质量的有效性、数量及分布的合理性、完井与洞穴改造的理论、工艺过程、设计软件、工具与管串的设计与开发等方面。

低煤阶煤由于渗透率高，裂缝十分发育，适宜采用裸眼完井。如果地质条件适中，即渗透率不是太高，出水量不是太大，仍然可以采用裸眼洞穴完井法进行储层改造；如果煤储层渗透率较高，出水量较大，可以采用裸眼完井后用清水不加砂压裂后直接排采；如果渗透率很高，出水量较大，则采用筛管完井后直接排采。主要研究内容为：选择完井和增产方式标准的确定，采用洞穴完井时研究内容同前；采用不加砂压裂时，应结合低阶煤对相应的工艺技术和计算软件进行开发等，目前这方面的研究内容和成果未见报道。

六、煤层气开采技术发展趋势

煤层气藏为自生自储型气藏，它有自己独特的性质，不能完全按照油气勘探开发的方法对其进行开发。钻井工艺由地质条件和储层特征决定，在饱含水、低压、低渗、岩石比较稳定、坚硬的地层，采用回转冲击式钻井工艺，以空气和水为循环介质；在超高压、地层变化大、硬岩层较少、水文条件复杂的情况下，一般采用泥浆系统的钻井工艺。目前适合煤层取心的是绳索取心工具，其出心速度快，取心收获率高。煤层气井的完井方式有裸眼完井、裸眼扩眼完井、套管射孔压裂完井，采用水平井完井和多层完井，可提高气井产量、降低成本。一般高渗透率煤层采用垂直井裸眼洞穴完井，低渗透率煤层采用垂直井或水平井完井。提高煤层气采收率技术有动力裸眼完井、气井改造技术等。国外煤层气勘探开发正向着大规模、深水水平井等方向发展。

目前，国外煤层气的勘探开发有下面几个发展趋势：①勘探开发煤层包括实验性开发、示范项目和煤层气商业性生产的规模有增大趋势；②煤层气井深增加，因煤埋藏越深，形成甲烷的熟化特性越优；③煤层气钻水平井数增加，因水平井单井不压裂时，煤层气产量高出直井压裂井的 4 倍；④煤层气井压裂工艺技术有进步，美国能源部和矿业局研究和实施了一种名为 Kiel 的压裂法，增产效果显著。

第五节　非洲卡鲁盆地煤层气开发方案

一、煤层资源状况

非洲卡鲁盆地主要有三个含煤层气的区块，经前期勘探研究表明，初步预测储量大约在 2.6 万亿 m^3，具备开发经济价值的可能性较高。如果对该项目进行勘探开发，未来五年将分期投资大约 7.8 亿美元，需要钻井 1135 口，恢复井 5 口，建设小型和中型发电厂各一座，装机容量 41 万 kW，初步形成新能源产业群，同时可以带动非洲当地相关产业的快速发展。那么未来十年中，煤层气发电装机容量达到 120 万 kW，陶瓷、化肥、煤化等产业将迅速崛起。

根据项目在五年内分两期，完成卡鲁盆地煤层气的勘探和开发工程。其中煤层气的勘探工程需要用一年的时间，完成钻井 35 口，完成恢复井 5 口，由于该地区地层稳定性好，可以进行实验水平钻井。该工程建成后可年产煤层气 2800 万 m³，同时可以在产区配建小型发电厂(5×3000kW，开四备一)一座；煤层气的开发工程用时四年，钻井 1100 口，工程建成后年产煤层气 7.92 亿 m³，同时配建中型发电厂(5×100000kW，开四备一)一座。

1. 项目资金的筹措和技术保障

根据该项目工程概算，煤层气勘探和开发工程共计需要资金大约 7.8 亿美元。关于该项目的资金问题，由中国国家开发银行和中非发展基金有限公司解决支持，利用煤层气矿权进行抵押，由国家开发银行获得贷款 4 亿美元，中非发展基金贷款 2 亿美元，余款 1.8 亿美元自筹。由广东煤炭地质局确保该项目勘探、测试和施工的顺利进行。

2. 煤层气勘探和开发工程设备清单

实施该项目需要配备相关的设备仪器。所需的具体主要仪器设备清单，如表 6-1所示。

表 6-1　项目所需主要设备

设备名称	数量	产地	型号
钻井机	3 台	美国	120 型
泥浆泵	4 台	中国	500HP
固井设备	1 台套	中国	150 型
测井设备	1 台	中国	
煤层气解吸缸	300 个		
煤层气解吸器	30 套		
恒温水浴	10 套		
气体分析仪	1 台		
作业机	1 台	中国	50t
螺杆泵、螺杆驱动器	40 台套	中国	
气水分离器	40 台套	中国	
气体流量计	40 台套	中国	
水流量计	40 台套	中国	
液面测试仪	5 台套	中国	
发电机组(柴油)	1 台	中国	40kW
发电机组(柴油)	1 台	中国	75kW
发电机组(柴油)	1 台	中国	120kW
发电机组(柴油)	1 台	中国	200kW

3. 前期勘探方案研究

非洲卡鲁盆地煤层气项目开发，应首选含气量富集的有利区块布井进行第一阶段的煤层气勘探开发工作。

非洲卡鲁盆地煤层气地质勘探工作，于 1994～1996 年完成，前期共施工煤层气参数及生产实验井有 C-1、C-2、C-3、C-4、C-5、C-6 六口钻井，共完成钻探工作量 3294.99m，获取了该区煤层含气性、渗透性、储层特征等相关参数，为该区后期的煤层气勘探开发提供了基础依据。

生产实验井组 5 口井中，至少选择 1～2 口井兼参数井，进行含煤段取心采样分析化验，测定煤层含气量等。二区块及其周边大范围煤层单层厚度为 8～10m，可以考虑应多采用水平分支井开采。非洲卡鲁盆地一区块、三区块煤层埋深和煤层气赋存相对较深，因此可以采用水力携砂压裂工艺技术，利用这种新技术将大幅度提高煤层气开发经济效益。

根据前述测试结果，建议生产实验井井距最大不得超过 350m，参数井井距应采用 2000m×3000m 井网，参数井中应选择 2～3 口井测试煤层渗透率。

C-1 井于 1994～1995 年施工，位于二区块内，钻井井口地表标高为 904m，完钻井深 328.72m，共见两个含煤层组，上含煤组深度为 158～212m，煤组厚为 54m；下含煤组深度为 255～305m，煤组厚为 50m。

C-2 井属参数井，施工日期为 1994～1995 年，位于二区块内，钻井井口地表标高为 925m，完钻井深 445.72m，共见两个含煤层组，上含煤组深度 290～350m，煤组厚 60m；下含煤组深度 365～415m，煤组厚 50m。

C-3 井于 1994～1995 年施工，位于二区块内，钻井井口地表标高为 925m，完钻井深 472.72m，共见两个含煤层组，上含煤组深度 308～358m，煤组厚 50m；下含煤组深度 400～450m，煤组厚 50m。

C-4 井属参数井，施工日期为 1994～1995 年，位于二区块内，钻井井口地表标高为 914m，完钻井深 484.83m，含煤组深度 330～435m，煤组厚 105m。

C-5 井位于三区块内，属煤层气参数井，于 1995 年施工，完钻井深 702m，煤层组厚度大于 100m。

C-6 井于 1996 年施工，位于一区块内，钻井性质属参数井，完钻井深 861m，煤组厚 30m。

一般来讲，在煤层气钻井施工中一般为全井取心钻进，至含煤段顶部开始连续系统取心采样，统计钻井煤心采样，如表 6-2 所示，从表中可以看出，共完成 738 个样品的工业分析，分析内容主要包括灰分、硫分、挥发分等。

表 6-2　钻井煤心采样统计

井号	取心深度/m	采样厚度/m	采样数	其中煤样数	煤厚/m
C-1	53.41~251.31	197.90	100	33	25.07
C-2	157.72~421.04	263.32	158	29	21.60
C-3	222.15~441.81	225.66	129	33	17.87
C-4	197.27~433.83	236.56	143	25	15.28
C-5	379.10~575.33	196.23	175	152	62.59
C-6	671.42~770.86	99.44	33	31	16.80
合计			738	303	

在 738 个样品中，灰分小于 50%的样品称为煤层煤样，共有 303 个，占总样的 41%，其余均为岩心样品。

同时，煤层气钻井施工进行了煤心煤样含气量测定工作，钻井煤心含气量测定统计结果如表 6-3 和表 6-4 所示。从表中可以看出，共完成了含气量测定样品 638 个，其中，煤层气含量大于 $1.00m^3/t$ 为含气样共有 419 个，共占 66%，其余为不含气样品。

表 6-3　钻井煤心含气量测定统计

井号	样品总数	其中含气样品数	占比/%	备注
C-2	158	37	23	最高 $5.51m^3/t$
C-3	129	66	51	最高 $6.30m^3/t$
C-4	143	124	87	最高 $18.70m^3/t$
C-5	175	163	93	最高 $4m^3/t$
C-6	33	33	100	最高 $11.51m^3/t$
合计	638	423	66	

表 6-4　煤层含气量测定分布统计

井号	煤层含气量/(m^3/t)									
	1~2	2~3	3~4	4~5	5~6	6~7	7~8	8~9	9~10	>10
C-2	12	18	4	1	2					
C-3	28	12	9	12	2	3				
C-4	21	2	7	12	9	12	17	9	11	21
C-5	83	77	2	1						
C-6		2	2	1	3	7	9		4	4

二、前期布井方案研究

卡鲁盆地各区块按煤层气总资源规模划分均属大型气田。按煤层气资源丰度，一区块、二区块属高丰度，三区块属中丰度；按煤层气藏埋藏深度，二区块为浅层气藏，一区块、三区块为中浅层气藏。根据煤层气资源规模、丰度及煤层埋藏深度、煤层厚度、含气量等进行综合分析后，确定布井方案。

1. 基本思路与原则

基于卡鲁盆地煤层气勘探与开发布井方案，首选优势区块即二区块先期进行勘探开发，区块内首先布置两组生产实验井组，每井组由 5 口井组成，另外有控制全区块的 14 口参数井，同时对外围区块布置 5 口区域探井，进一步了解区域煤层气赋存前景。

区域探井初步安排在盆地一区块 C-6 井，西南煤层赋存浅部布置 1 口；位于二区块东侧的预测区块，选择有利区块布置 2 口。三区块由于含煤面积较大，现 C-5 井煤层发育甚好，但含气量偏低，要选择适当位置布置 2 口井，以上 5 口区域探井需在二区块煤层气勘探阶段详细收集煤层气地质资料，分析研究后再确定井位。

2. 井网井距的确定

煤层气勘探开发井网主要受地质构造类型，煤层稳定程度，以及煤层物性、含气量、资源丰度、采气工艺等因素控制，合理的井网部署对区块的煤层气勘探开发非常重要。根据该区块的煤层气地质特点，地质构造属简单类型，煤层稳定程度属较稳定类型，即一类二型。

参数井煤层气井基本网度线距采用 3000m，主要煤层深度超过 400m，煤层含气量高于 $3.00m^3/t$ 的范围内，井距采用 2000m，其他范围内井距采用 3000m。生产实验井井距不宜过大，以 5 口井为一井组，采用梯形井网设置，井距采用 250m×300m×350m，组成三个三角形井网，一组井网间距为 350m×340m 一组，其余两组井网间距为 250m×300m 二组。

在井组排采过程中，观察不同井网采气过程中井间干扰情况，进行分析研究，对以后大面积煤层气开发提供选择生产井井距的依据。作为试采方案来讲，井距不宜过大，单井产量低，且产量上升慢。

3. 单井产能预测

依照表 6-5 和表 6-6 所示，单井不同井网控制资源量及未来整个产能的预测。

表 6-5　单井不同井网产能预测

井网/m	面积/万 m^2	资源量/万 m^3	不同采收率的产能/万 m^3	
			30%	40%
350×350	9.62	6237	1870	2494
300×300	7.07	4584	1375	1834
250×250	4.91	3183	954	1273

表 6-6　单井不同井距产气量估算基础

井距/m	面积/万 m²	煤与有机岩	厚度/m	比重	含气量/(m³/t)	资源量/万 m³	不同采收率的资源量/万 m³			
							20%	30%	40%	50%
350	9.62	煤层	26.92	1.35	8.11	2835	567	850	1134	1418
		有机岩	37.91	1.84	5.07	3402	680	1020	1360	1701
		合计	64.83			6237	1247	1870	2494	3119
300	7.07	煤层	26.92	1.35	8.11	2084	416	625	834	1042
		有机岩	37.91	1.84	5.07	2500	500	750	1000	1250
		合计	64.83			4584	916	1375	1834	2292
250	4.91	煤层	26.92	1.35	8.11	1447	289	434	579	724
		有机岩	37.91	1.84	5.07	1736	347	520	694	868
		合计	64.83			3183	636	954	1273	1592

三、设计工程方案

本节研究的整体开发方案，钻井工程量主要包括煤层气生产实验井、参数井及探井 35 口，钻井工程量 20000m。其中，探井 5 口，钻井工程量 3900m。

表 6-7，为所有开发方案的钻井工程量。二区块计量面积为 140km²，根据已掌握的地质资料分析，区块北部及西部煤层埋深较浅，主煤层位于风氧化带部位。

表 6-7　钻井工程量

区块	井别	井数	工程量/m
二区块	生产实验井	10	5000
	参数井	14	6900
	机动井	6	4200
	勘探井	30	16100
	恢复井	4	
	水平井	1	
三区块	勘探井	2	1500
	恢复井	1	
一区块	勘探井	1	900
预测区块	勘探井	2	1500
合计		71	36100

本节地震勘探工作重点范围放在下含煤段主煤层，煤层埋深超过 400m，其煤层含气量大于 3.00m³/t 的中东部工作区，设计地震工程量面积 100km²，地震线长度 192km。因此，线距采用 1000m×2000m。

另外，地震勘探研究的主要任务是：一是初步查明含煤段上覆盖层厚度，测线上的解释误差不大于 9%；二是初步查明工作区内基本构造轮廓，了解构造复杂程度，查清落差大于 50m 的断层，并了解其性质、特点及延伸情况。三是初步了解煤层气赋存情况；并提供煤层气参数井井位。

四、布井设计目的

上述为卡鲁盆地一期工程煤层气勘探开发研究的主要内容。通过卡鲁盆地一期工程煤层气勘探开发施工实践，卡鲁盆地二区块将达到的主要目标有：一是构造形态清楚，查清 50m 以上断层性质、延伸；二是查明煤层气藏地质特征和储层其含气性展布规律；三是通过小井网煤层气井组生产实验，证实了勘探范围内的煤层气资源及可采性。

在完成区域探井取得资料的基础上，结合以往收集有关区块煤层气地质资料，进行分析研究后提出卡鲁盆地区域煤层气资源评估，并部署二期工程 1100 口煤层气生产井方案。

如前所述，初步确定卡鲁煤层气勘探工程开发井数为 40 口，其中 35 口钻井数，5 口为恢复井，即参数及生产实验井。能够形成该项目的产能规模为：按单井 2000m³/d，全井 80000m³/d，年产气规模 2880 万 m³/a。完成卡鲁盆地煤层气物探地震工程量 100km²。生产开发阶段，卡鲁盆地煤层气生产工程开发井数为 1100 口生产井，按单井计算能够形成产能规模为 2000m³/d，按全井计算 220 万 m³/d，年产气规模 79200 万 m³/a。

图 6-1 所表述目前将卡鲁盆地煤层气生产工程按阶段来划分，规划煤层气井数及煤层气累计产量，从图 6-1 中可以看出，2014～2018 年，卡鲁盆地煤层气生产工程钻井数量呈增加的趋势。2014 年的最低累计形成生产能力 1.72 亿 m³，到 2018 年累计形成生产能力最高为 8.208 亿 m³。

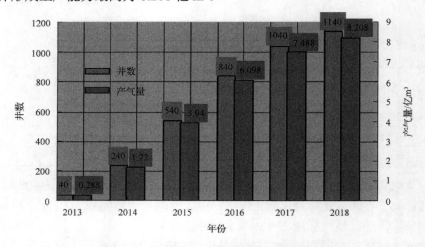

图 6-1　规划煤层气井数及煤层气累计产量

第六节　非洲卡鲁盆地煤层气开发工程

一、工程设计研究

根据钻井地质设计要求设计卡鲁盆地煤层气开发方案，通过工程实施达到地质工作标准，该井属该区煤层勘探参数及生产实验井。对目的煤层气样品进行解吸实验，从而进一步获取煤层气储层参数：煤层气含气量、解吸气成分、煤质特征、煤岩特征、临界解吸压力、朗缪尔体积、朗缪尔压力等参数。通过取心及电测井获取煤储层相关信息。

工程设计研究的主要内容包括：钻井工程设计、取心设计、测井工程设计、煤层吸附实验设计、排水采气工程设计等。钻井工程方案设计主要根据美国 CBM 公司对 4 口煤层气井产能预测模拟经验，采取常规钻井煤层裸眼完井技术。裸眼完井实际上是一种交变应力压裂技术，在美国应用广泛，几乎所有煤层都经过后期的增产改造才得以投产。该方案设计仅以典型煤层气参数及生产实验井为例。

另外，对各个区块的气井及主要煤层均进行了煤层等温吸附测试。对于井身设计结构方案，基于对安全和成功的考虑，卡鲁盆地煤层设计为四开井，煤层气生产实验井钻井工程程序如下。

1. 抽排直井设计

一开：$14\frac{3}{4}$ in（375mm），钻进 12m，下入 13in（330mm）井口管，表层套管，加注水泥封固。

二开：$12\frac{1}{4}$ in（311mm），钻进 90m，下入 $8\frac{5}{8}$ in（219mm）防风氧化层套管，在煤层部位造洞，采用后期完井，加注水泥封固。

三开：$7\frac{7}{8}$ in（200mm），钻至煤层顶板，下入 $5\frac{1}{2}$ in（140mm）套管，裸眼完井。

四开：$4\frac{3}{4}$ in，钻透含煤地层至井底完钻，裸眼完井。

完井后安装 $2\frac{7}{8}$ in（73mm）管柱，排水试气各煤层气生产实验井完钻后，经电测解释出含煤段深、厚度，套管完井在排水采气井口点火中，均出现良好的气显示。

通过以往煤层气勘探所获得的钻井含煤性、煤岩心分析化验资料、煤层气含气量解释与等温吸附测试等相关成果，气井井口排气点火的良好显示，预示着卡鲁盆地有很好的煤层气勘探开发前景。

该方案基于以往勘探研究成果，已圈定出三个煤层气区块，这三个煤层气区块有一定的勘探工作量和数据，基本预测了三个区块煤层气资源量。

一区块，矿区面积 1100km²，由 C-6 井控制，计量面积 550km²；二区块，矿区面积 177km²，由 C-1 井、C-2 井、C-3 井和 C-4 井控制，计量面积 140km²，另外，在二区块北部预测面积 1144km²；三区块，矿区面积 4148km²，由 C-5 井控制，计量面积 1380km²，预测资源量 1500 亿 m³，另外，预测区块矿区面积大约 648km²，合计计量的面积为 6073km²，初步预测煤层气资源总量为 6.650 万亿 m³。

2. 井眼剖面设计

水平井井眼设计的基本要求：井眼光滑、曲线均匀，保证钻井施工安全高效，定向靶区穿入点与靶点最近，以满足抽排的要求[161,162]。

按照几何关系，可以确定水平井的井深长度，其计算公式如下：

$$\alpha_{\max} = \arccos\left[\frac{R(R-A) + H_X\sqrt{H_X^2 + A^2 - 2RA}}{H_X^2 + (R-A)^2}\right] \tag{6-1}$$

$$L = H_O + \frac{R\alpha_{\max}}{57.3} + \frac{H_X - R\sin\alpha_{\max}}{\cos\alpha_{\max}} \tag{6-2}$$

式中，$\alpha_{\max}$ 为最大井斜角，(°)；L 为井眼井身长度，m；A 为水平位移，m；R 为造斜段曲率半径，m；H_O 为垂直井段井深，m；H_X 为斜井段垂直投影井深，m。

二、钻井工程研究

1. 钻井取心、造斜设计

如表 6-8 所示，钻井取心设计的具体方案：采用 152mm 钻头大径绳索取心，煤层扩孔裸眼筛管完井。采用大孔径绳索取心，对井眼安全有利，由于钻井一次成井，可大大降低建井周期，控制井斜，大孔径绳索取心一次成井技术目前在国内煤层气参数井实施中得以广泛应用。

表 6-8　钻井泥浆参数

序号	井段/m	钻井液体系	比重/(g/cm³)	pH
一开	0.00～90.00	坂土泥浆	1.05～1.10	4～9
二开	90.00～330.00	聚合物泥浆	1.03～1.05	4～9
三开	330.00～500.00	清水	1.01～1.03	4～9
四开	330.00～450.00	清水	1.01～1.03	4～9

在水平井定向施工中为避免扭曲方向，定向时均要确定一个合适的初始斜方位角，但受诸多因素影响，要确定一个合适的初始造斜方位角难度很大，尤其是位移较大的井[163-166]。

根据理论研究和施工经验，要充分考虑直井段井斜及煤层方位的影响，具体方法：设初始井造斜方位角，则初始方位角为

$$\varphi = \varphi' - \frac{1}{2}\arcsin\frac{R}{S'} \qquad (6\text{-}3)$$

反之，则

$$\varphi = \varphi' + \frac{1}{2}\arcsin\frac{R}{S'} \qquad (6\text{-}4)$$

若下部井位的方位漂移相对稳定，则 $\varphi = \varphi'$。

井斜技术要求：全井最大井斜不大于 3°，每 30m 全角变化率不大于 0.5°，井底位移不超过 15m。

2. 固井设计

固井设计参数如表 6-9 所示，井径测量采取选择双侧向，确定井径扩大率，为固井提供可靠数据，下套管时可以在底部加旋流套管扶正器，以提高顶替效率。固井结束 48h 进行内测声幅，并且全井用清水试压 30MPa，10min 内压力不降为合格。

表 6-9　固井设计参数

套管	固井前泥浆比重要求/(g/cm³)	水泥等级	水泥浆比重/(g/cm³)	水泥返高
表层套管	1.05～1.15	A 级	1.85 以上	地面
技术套管	1.05	G 级	1.50～1.60	地面

3. 煤层气井增产措施

煤层气藏是自生自储型气藏，有自己独特的性质，不能完全按照油气勘探开发的方法来开采。根据目前国内外煤层气井产能效果分析来看，采用常规钻井煤层裸眼机械洞穴完井的产能预测，如果达不到单井产气量平均 2000m³/d 以上时，就应采用必要的增产措施，还要结合该煤层的储层条件。如图 6-2 所示，煤层气井增产措施为：施工一定数量的分支水平井，以便更大范围地沟通煤储层，建立"降压—解吸—扩散—渗流"通道。采用水平井完井可以提高气井产量、降低成本。

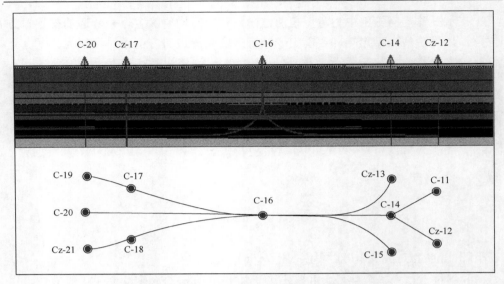

图 6-2　分支水平增产措施井地质轨迹示意

4. 地质工作要求

为取准各项煤层气的地质资料，了解该区煤储层的物性特征，安排如下地质工作：①岩(煤)心采取，取心井段选择 330m 以上为无岩心钻进，330m 以下至煤层底板为取心段，具体参照见地质设计柱状图。岩(煤)心采取率要求岩心综合采取率达到 85%以上，煤心 95%以上。②岩(煤)心的整理，岩(煤)心从岩心管取出洗净后，按序放入岩心箱内，经检查无误后，对岩(煤)心进行编号，煤心自然干燥后进行密封保护处理。③岩(煤)心编录与描述，岩(煤)心按 1∶50 分层精度进行编录与描述，要求编录及时、定名严谨准确、描述全面、重点突出。

取心过程尽最大可能减少煤层、煤心泥浆污染，应采取清水钻进。设计取心段前 10m 处理好钻井液，使钻井液性能稳定、井眼通畅、无垮塌、无沉沙、无卡、无阻后进行试取，以检查工具效果。工具下井前注意地面检查和组装，保证质量。取心钻进过程中，随时掌握地质变化情况，根据邻井地质资料进行地层对比，确定层位，在距煤层顶板 5m 时下见煤预告。取心前，通知技术人员做好现场煤层解吸实验准备。

在取心钻进工程前要做好井壁稳定性研究[167-171]。一般来讲，煤层井眼被钻开之后，打破了原有的地应力，平衡应力在井眼周围的围岩上重新分布。从力学角度看，井壁拉应力超过地层抗压强度时，地层发生破裂，井壁坍塌，通常使用地层坍塌压力计算，从井壁地质稳定力学研究，常用的剪切破坏准则有 Mohr-Coulomb 准则和 Drucker-Prager 准则。

（1）Mohr-Coulomb 准则。岩石破坏时，剪切面上的剪应力必须克服岩石的固有剪切强度 C 值和作用在剪切面上的摩擦系数阻力，即

$$\tau = \sigma_n \tan\varphi + C \tag{6-5}$$

式中，σ_n 为剪切面上的法向正应力；τ 为剪应力；φ 为岩石的内摩擦角。

（2）Drucker-Prager 准则。判断井壁岩石所处于力学稳定状态，表达式为

$$\sqrt{J_2} - QI_1 - K_f = 0 \tag{6-6}$$

式中

$$I_1 = \sigma_1 + \sigma_2 + \sigma_3 - 3\delta\alpha P_p \tag{6-7}$$

$$J_2 = \frac{1}{6}\left[(\sigma_1 - \sigma_2)^2 + (\sigma_2 - \sigma_3)^2 + (\sigma_3 - \sigma_1)^2\right] \tag{6-8}$$

$$Q = \frac{\sqrt{3}\sin\varphi}{3\sqrt{3 + \sin^2\varphi}} \tag{6-9}$$

$$K_f = \frac{\sqrt{3}\sin\varphi}{3\sqrt{3 + \sin^2\varphi}} \tag{6-10}$$

一般来说，井壁坍塌发生在水平最小地应力方位，水平井最小地应力方位井壁处的应力状态：

$$\begin{cases} \sigma_\theta = 3\sigma_H - \sigma_h - P + \delta\left[\dfrac{\sigma(1-2v)}{1-v} - \varphi\right](P - P_p) \\[3mm] \sigma_r = P - \delta\varphi(P - P_p) \\[3mm] \sigma_z = \sigma_v + 2v(\sigma_H - \sigma_h) + \delta\left[\dfrac{\sigma(1-2v)}{1-v} - \varphi\right](P - P_p) \end{cases} \tag{6-11}$$

设安全系数 FS 为

$$\mathrm{FS} = \frac{\sigma_n \tan\varphi + C}{\tau} \tag{6-12}$$

泥浆向井壁产生的渗透率小的情况下，井壁坍塌压力为

$$P_{cr} = \frac{2C\cos\varphi + (\sin\varphi - M)(3\sigma_H - \sigma_h) + [\delta Mk + \sin\varphi(2\delta f - \delta k - 2k)]P_p}{\delta k\sin\varphi - M(2 + \delta k - 2\delta f)} \quad (6\text{-}13)$$

则上述地层地质坍塌压力模型，可以适当修正。

三、电测井工程研究

鉴于煤田测井在煤层定性解释上的优势，该方案钻孔采用煤田测井体系测井，利用测井、地震等数据研究地层的岩性，用于划分煤层区[172,173]。如川南筠连沐爱地区划分煤层区[174]。

在测井工程研究中，要研究电测井周围的应力状态，假设地层是均匀各向同性、线弹性多孔材料，并认为井眼周围的岩石处于平面应变状态，可得到径向、切向和垂向的应力分别为

$$\sigma_r = P - \delta\varphi(P - P_p) \quad (6\text{-}14)$$

$$\sigma_\theta = -P + (1 - 2\cos 2\theta)\sigma_H + (1 + 2\cos 2\theta)\sigma_h + \delta\left[\frac{\sigma(1 - 2v)}{1 - v} - \varphi\right](P - P_p) \quad (6\text{-}15)$$

$$\sigma_z = \sigma_v - (\sigma_H - \sigma_h)\cos 2\theta + \delta\left[\frac{\sigma(1 - 2v)}{1 - v} - \varphi\right](P - P_p) \quad (6\text{-}16)$$

测井地层破裂压力计算，研究地层破裂通常采用拉应力准则，从式(6-17)中可以看出，当 P 增大时，σ_θ' 变小；P 当增大到一定程度时，σ_θ' 将变成负值，即岩石所受周围向应力由压缩变为拉伸，破裂发生在 σ_θ' 最小处，即 $\theta = 0°$ 或 $180°$ 处，此时 σ_θ' 值为

$$\sigma_\theta' = 3\sigma_h - \sigma_H - \alpha P_p - P + \delta\left[\frac{\alpha(1 - 2v)}{1 - v} - f\right](P - P_p) \quad (6\text{-}17)$$

由岩石的拉伸破裂强度准则

$$\sigma_\theta' = -St \quad (6\text{-}18)$$

即可得地层的破裂压力

$$P_f = \frac{3\sigma_h - \sigma_H + St - \left[\alpha - \delta f + \dfrac{\delta\alpha(1 - 2v)}{1 - v}\right]P_p}{1 - \delta\left[\dfrac{\alpha(1 - 2v)}{1 - v} - f\right]} \quad (6\text{-}19)$$

测井深度全井比例为 1∶200，煤层比例 1∶50。测井项目有：①深双侧向（LLD），单位为 Ω·m，横向采用对数比例尺；②自然电位（SP），单位 mV；③自然伽马（GR），单位为 API；④双井径（CAL），单位为 cm。按煤田地质勘探规范录取全井地质测井资料。

四、排水采气工程研究

煤层中水的存在形式主要有煤层结构水、吸着水、毛细水、重力水。处于断层的水阻止煤层气向上运移，起到水力封堵的作用。结合构造与水文条件分析，煤层排水采气设备要按照卡鲁盆地水文地质条件的特点进行优选，如表 6-10 所示。根据煤层气井排采中早期的出水能力和中后期产水较高的特点，建议使用螺杆泵进行排采。从理论上讲，煤层排水的排量为 20～100m³/d。

表 6-10　排水采气系统主要设备

名称	型号	单位	单井数量
采油树	150 型	台	1
油管	N80Φ73mm	m	500
螺杆泵驱动器	20～100 调频	台	1
螺杆泵	20～100 排量	台	1
抽油杆	25.4mm	m	500
光杆	25.4mm	根	1
分离器	Φ600mm	台	1
采油树	150 型	台	1
流量计	智能流量计	台	1
回声仪		台	1
泵杆附件		套	1
地面流程附件		套	1

图 6-3 为煤层整个排水采气系统的安装图。一般来讲，煤层气井的泵挂深度要求：在排采初始阶段泵挂下深在煤层顶板上 5m 左右，排采中期一般下深为煤层中部，排采后期一般下深为煤层底板下 5m 左右。

对于抽油机选型，建议采用螺杆泵驱动器，井口装置由于煤层气井为低压气井，生产时井口压力不大于 5MPa，可以选择 150 型或 250 型简易油井井口。抽油杆使用 1.0in D 级组合抽油杆，每 50m 带一抽油杆扶正器，气砂锚一般泵下必须挂接气锚、砂锚。

图 6-3　煤层气排水采气系统

　　根据对 C-4 井排水采气资料分析，由于煤层段较厚，产水强度较大，估计初期日产水量为 30～60m³/d，煤层临界解吸压力一般为 1.0～2.5MPa，井筒液面降 50～150m 时即可产气。

　　预测煤层气井最高产气量可达 4000m³/d，平均产气量可达 2000m³/d，气井服务预测年限在 20 年以上，气井年产量递减率在 10%以下。

　　地面排采流程，必须安装量程满足 100～5000m³/d 的气体流量计，还有 Φ600mm 的气水分离器。地面排水由于煤田、煤层、地层水的矿化度不高，可以建 200～500m³ 的晾晒池，液面监测煤层气井动液面的监测要求使用液面回声仪。建议采用目前在国内广泛应用的螺杆泵，装有携井下直读压力计系统装备，进行排水采气，建议采用螺杆泵压力计携带系统。

五、增产工程研究

1. 增产技术的现状及前景

　　煤层气藏具有以下特点：煤层的弹性模量比砂岩或石灰岩储层低、压缩系数高、气水共存、气藏压力低、气层易损害、天然裂缝发育。使用常规方法开采，效果不够理想，需要利用一些增产措施进行开采。目前世界上常用于煤层气增产的技术有压裂技术、注气技术和多分支井技术。采用最多的是压裂技术，尤其是水力压裂技术。在一些特殊煤层中，采取水力压裂技术无法达到预期的开发效果，还需采用注气技术或者利用多分支井特别是羽状水平井开采煤层气。

　　由常规油气储层压裂技术演化来的煤层气压裂技术，在世界各地煤层气勘探开发活动中得到了广泛应用，取得了显著的增产效果。对于水力压裂技术，美国研究得最早，技术比较成熟。在美国有 90%以上的煤层是通过水力压裂改造的。经水力压裂后的煤层，能够产生众多且延伸很远的裂缝，其产量较压裂前增加 5～20 倍，效果非常显著。加拿大主要是低变质煤，具有含气量低、致密、低压、低渗的特点，采用常规压裂效果很差，加拿大根据自身煤层的实际条件，并借鉴在浅层气开发中的成功经验，发明了大排量氮气泡沫压裂技术。澳大利亚重点研究煤层应力来进行压裂设计模拟，压前先进行定向割槽、定向射孔，使应力得到释放，确保压裂裂缝与面割理连通。对于注气技术，美国最早应用了注入二氧化碳和氮气的技术来提高煤层气采收率，这在其他国家应用得很少。多分支井技术也是在美国应用得最早也最为成熟，该技术可大幅度提高煤层气的采收率。

2. 压裂技术是主要的增产措施

经验表明，应选择煤层稳定、单层厚度大于 0.6m、煤层埋藏浅、煤层物性好、裂隙发育、含气量高(烟煤或半烟煤)的井进行压裂。采用压裂措施时使用何种压裂液取决于煤层温度、压力和煤层物性，中国煤层气井大部分采用水基压裂液施工，少数井进行了线性胶和交联冻胶实验。冻胶压裂适合高渗透煤层，清水压裂适合低渗透煤层。泡沫压裂技术可以有效地减少滤失，具有有利于诱生裂缝排液、不会滞留未破胶的压裂液、对煤层伤害轻的优点，正在被越来越广泛地应用于生产中。注气技术在渗透率较高、煤层压力较大、厚度适中、温度较低的地区应用效果较好。目前，注气法在中国应用不广，主要是因为技术还不够成熟，气源问题也没有得到解决。多分支井技术被认为是一种效果较好且成本较低的煤层气开采改造新技术，但这项技术涉及钻井、生产和储层改造等许多方面，成本高，只能在一些比较好的煤层气产区应用。多分支井技术在低煤阶煤层效果很好，而目前中国开发的主要是中高阶煤层，因此应用并不广泛。

煤层的原始渗透性一般较差，必须经过后期改造才能形成一定产能，而压裂是行之有效的增产措施之一。压裂方式主要有水力压裂和高能气体压裂。煤层压裂的特殊性：煤层与常规储层的机械性质不同，与常规储层相比，煤层杨氏模量低，泊松比高，且具有特殊的双孔隙结构，割理发育，具有更大的各向异性和不均质性；煤层气的形成、储集、迁移、产出机理与常规油气亦存在较大差异。

煤层主要以吸附方式储存在煤岩的基质孔隙内表面上，它的产出是一个降压解吸—扩散—渗流的过程。煤层压裂与油层压裂的不同表现在：煤是易碎物质，压裂时由于压裂液的磨损及剪切作用，将会产生大量煤粉，煤粉的副作用是增加压裂施工压力、堵塞渗流通道、降低压裂效果、增加后期排液作业难度，而且煤层渗透率一般较低，压裂液易对其造成伤害。因此作业应该注意尽量减少煤粉的产生，同时要求压裂液残渣少、破胶、返排性能好。

3. 煤层压裂主要存在的问题

1) 压裂液的选择

因为煤层的特殊性，对于煤层压裂液要求有良好的携砂和造缝能力，有良好的抗滤失性，容易"破胶"和返排，对储层的损害小。目前用到的压裂液一般有凝胶、活性水或清水、泡沫等。凝胶压裂液又分为两种，线性凝胶和交联凝胶。交联凝胶应对滤失量大的煤层特别有效，交联凝胶在中国应用比线性凝胶广泛。活性水或清水压裂液有许多优点，如单位成本低、对地层渗透率伤害小、配制方便等，在美国受到很大的重视，在中国煤层气田压裂中也经常使用。泡沫压裂液是氮气或二氧化碳以气泡形式分散于酸液、聚合物等液相中而形成的一种两相混合体系。由于其具有对储层伤害小、返排能力强、滤失小、压裂效率高、携砂能力强等特点，特别适合低压、低渗、特低渗、水敏性储层的开采。各种压裂液的特点各不相同，适用于不同的地层，但每种压裂液的目的都是携带支撑剂进入煤层，形成较高的导流能力、降低井底伤害，最终提高煤层气产量。

2) 压裂液添加剂的选择

添加剂一般包括稠化剂、交联剂、pH 调节剂等。稠化剂能够减少煤层污染，保护煤层；交联剂的作用是使稠化剂溶液中的稠化剂分子迅速形成长链，提高液体的造缝和携砂能力；pH 调节剂的作用是为了保证压裂液与煤层配伍，降低对煤层的伤害，提高压裂液的携砂能力。

3) 压裂时支撑剂的选择

它是提高裂缝导流能力的重要环节。支撑剂的选择主要考虑其强度和成本，还要考虑到回流问题，是否能深侵地层问题。理想的支撑剂应当具备密度小、强度大、圆球度高、在高温水中呈化学惰性等特点。目前常用的支撑剂有石英砂和树脂包层砂等，常用石英砂规格有 40～70 目粉砂、20～40 目中砂和 12～20 目粗砂。压裂加砂组合方式有四种：粉砂+中砂+粗砂、粉砂+粗砂、中砂+粗砂及粗砂。有的压裂不加砂，不加砂具有成本低、可避免支撑剂回流等特点，适用于现场应力相对较低(如浅煤层)和诱生裂缝能在自支撑作用下保持敞开状态的地区，且压裂效果相当好。

注气技术是向储层注入气体，其实质是向煤层注入能量，改变压力传导特性和增大扩散速率，从而提高单井产量和采收率。煤是一种具有较高剩余表面自由能的多孔介质，其剩余表面自由能总量一定，当混合气体达到吸附平衡后，每一组分的吸附量都小于其在相同分压下单独吸附时的吸附量。注气后，竞争吸附置换，必然使一部分吸附的甲烷解吸扩散，从而引起扩散速率、渗流速度和回收率提高。不同气体组分的吸附能力不同，主要是由于气体分子和煤之间作用力的不同引起的。对于 CO_2、CH_4、N_2 来说，其吸附能力依次降低。

　　注入 N_2 与 CO_2 的机理不同，CO_2 可以很好地将 CH_4 驱替出来。与注入 N_2 相比，CO_2 具有许多潜在的优点，CO_2 与 N_2 相比是一种成本低的注入剂，而且 CO_2 的穿透力比 N_2 更平缓，可以利用注 CO_2 技术开发深部低渗透性煤层中的煤层气。由于煤对 N_2 的吸附能力比其对 CH_4 的吸附能力弱，N_2 是不能与 CH4 进行竞争吸附的，即 N_2 不能从煤的基质孔隙中把 CH_4 挤出来，但 N_2 注入煤层后，在等压条件下通过降低 CH_4 的有效分压，同样也可以将 CH_4 驱替出来。Amoco 公司在进行这两种气体实验时，把 N_2 驱替法比作是"耙子"，而把 CO_2 驱替法则比作是"扫帚"，前者只采出一部分，而后者则可将煤层气采尽。在中国煤层气注气增产方面，中联煤层气在加拿大专家的协助下，进行了单井注入、单井产出的注 CO_2 采气实验。综合国内外的经验可以看出，注气驱替技术在渗透率比较高、煤层压力较大、厚度适中、温度较低的地区应用效果比较好。

　　4. 多分支井技术应用情况分析

　　多分支井的分支井筒能够穿越较多的煤层裂缝系统，在煤层形成相互连通的网络，最大限度地沟通裂隙通道，增加泄气面积和地层渗透率，从而提高单井产量，还可以减少对煤层的伤害。理论与实践也证明，在煤层中钻水平井的产量可以达到直井的 3～10 倍，可大大减少常规钻井的井数，还可以减少占地面积。多分支井开采时地层压力的下降是以整个分支井为源头向外逐步扩散的，从平面上看，整个水平井筒都可看作地层压力下降的"源"，所以多分支井开采不会出现直井中所谓的压降漏斗，几乎整个煤层区域同时得到动用，使煤层的开采潜力得到了充分发挥。奥瑞安国际能源有限公司在山西沁水盆地完成国内第一口煤层气多分支井。气体产量达到 $15000m^3/d$，135 天后煤层气稳定产量达到 $20000m^3/d$ 左右，较同区块内常规煤层气开采垂直井产量提升了 20 倍。中联煤层气对外合作项目山西晋城潘庄煤层气区块内开发了一组由 6 口 3 套井组成的多分支井。现在 6 口井都投入了排采，已经实现了单井平均日产超过 8 万 m^3 的高产气流，部分单井日产能已经突破 8 万 m^3，而且仍在持续上升中。

　　通过对中国煤层气开发中多分支井的研究发现，不是所有的地层钻多分支水平井都能收到良好的效果，煤层气分支井一般在煤层厚度适中、含气饱和度较高、煤层气机械性能稳定、无破碎带、煤层内无过多的砂泥岩夹层，而且煤层横向分布连续稳定，基本无断层或煤层尖灭的煤储层中钻探效果较好，特别是对于低渗透性含气区效果更好。

　　5. 国内主要增产技术存在的问题及发展方向

　　煤层气增产措施在煤层气开发利用中起到了十分重要的作用，通过对国内煤层气增产技术的研究发现，压裂还是目前使用最广泛的增产手段，但因为煤易碎、质软、钻孔易被煤粉堵塞，支撑剂易嵌入煤层，裂缝系统复杂，加之压裂液在煤层滤失量大，不易返排等问题，都使煤层气井压裂变得复杂。清水或活性水加砂压裂以其成本低，对储层伤害小的特点成为主流技术，并被广泛应用，氮气或二氧化碳泡沫压裂，也正在被越来越多地应用于生产中。

在压裂方面，今后的攻关方向是加强对煤层破裂机理研究，研究适合于对煤层伤害小的压裂液、支撑剂及防滤失措施。进一步探索利用水力裂缝模拟软件来进行煤层气压裂设计，完善煤层气井的压前和压后评估技术；研究适合于煤层特点的拟三维、全三维压裂设计软件，进行单井优化设计，进而进行区块总体优化设计。

在多元气体驱替方面，目前对其机理研究还不是很透彻，而且气源问题也是目前困扰注气法提高采收率的一大难题。以后需要通过吸附-解吸实验，深入研究多元气体在煤中的竞争吸附解吸效应与替代机理，确定不同气体对甲烷吸附解吸的影响，替换速率与吸附平衡压力、各组分气体分压的关系，根据上述分析开发煤层气注气开发的模拟软件。注入混合气的驱替也是未来的发展方向。多分支水平井技术是一项新兴技术，在中国已经成功打了几口多分支水平井，增产效果显著，以后应加强其增产机理和产量模拟技术研究，同时要加强研究分支侧钻的轨迹控制和煤层井壁稳定技术，还应该加强多分支水平井适应性的研究，钻多分支水平井将成为未来开发煤层气非常好的选择。

参 考 文 献

[1] 李金珊, 李仲学,杨敏芳. 煤层气富集成藏地质特征与潜力研究[J]. 中国矿业, 2014, 23(10): 88-90.

[2] 李景明, 刘圣志, 李东旭, 等. 中国天然气勘探形势及发展趋势[J]. 天然气工业, 2005, (12): 1-4.

[3] 邱中建. 对我国油气资源可持续发展的一些看法[J]. 石油学报, 2005, 26(2): 1-5.

[4] 翟光明, 何文渊. 煤层气是天然气的现实接替资源[J]. 天然气工业, 2004, (5): 1-3.

[5] 潘志坚, 胡杰. 世界天然气供需态势分析[J]. 中国石油和化工经济分析, 2006, (3): 38-43.

[6] 杨建红, 公禾. 2005年中国天然气行业发展综述[J]. 国际石油经济, 2006, 14(6): 18-20.

[7] 陈永武. 我国油气工业现状与"十一五"发展趋势[J]. 中国石油和化工经济分析, 2006, (8): 39-45.

[8] 赵庆波, 刘兵, 姚超. 世界煤层气工业发展现状[M]. 北京: 地质出版社, 1998.

[9] 林金贵. 我国煤层气研究开发的历史现状与趋势措施[J]. 科技资讯, 2006, (7): 17.

[10] 樊明珠. 中国石化煤层气发展建议[J]. 研究动态, 2009, 3(6): 1-5.

[11] 张新民, 庄军, 张遂安. 中国煤层气地质与资源评价[M]. 北京: 科学出版社, 2002.

[12] 李五忠, 王一兵, 孙斌, 等. 中国煤层气资源分布及勘探前景[J]. 天然气工业, 2004, 24(5): 8-10.

[13] 孙万禄. 我国煤层气资源开发前景与对策[J]. 天然气工业, 1999, 19(5): 1-6.

[14] 高瑞祺, 赵政璋. 中国油气新区勘探[M]. 北京: 石油工业出版社, 2001.

[15] 张抗. 对中国天然气可采资源量的讨论[J]. 天然气工业, 2002, 22(6): 6-9.

[16] 李明潮, 张五侪. 中国主要煤田的浅层煤成气[M]. 北京: 科学出版社, 1990.

[17] 陈晓东. 对中国煤层气开发现状的思考与建议[J]. 天然气工业, 2002, 22(5): 35-38.

[18] 张新民, 张遂安, 钟玲文, 等. 中国的煤层甲烷[M]. 西安: 陕西科学技术出版社, 1991.

[19] 陈大睿. 煤矿瓦斯利用[J]. 煤气与热气, 1994, 14(2): 13-17.

[20] 彭苏萍, 杜文凤, 殷裁云, 等. 高丰度煤层气富集区地球物理识别[J]. 煤炭学报, 2014, 39(8): 1398-1403.

[21] 张新民. 煤层甲烷——我国天然气的重要潜在领域[J]. 天然气工业, 1991, 13(3): 13-16.

[22] 田波. 煤层气的有效利用和环境效益[J]. 煤炭转化, 1997, 20(3): 49-55.

[23] 宁惠丽. 煤矿甲烷对气候的影响及防治措施[J]. 煤矿安全, 1996, 1(1): 39-43.

[24] 钱伯章. 煤层气的开发和利用[J]. 天然气化工, 1998, 23(1): 60-66.

[25] Scott A R, Kaier W R, Ayers W R. Thermogenic and secondary biogenic gas San Juan Basin, Colorado and New Mexico-Implications for coalbed gas producibility [J]. AAPG Bulletin, 1994, 78(8): 1186-1209.

[26] 焦作矿业学院瓦斯地质研究室. 瓦斯地质概论[M]. 北京: 煤炭工业出版社, 1991, 4: 33-34.

[27] Scott A R. Composition and origin of coalbed gases from selected basins in the United States[C]// Proceedings of the 1993 International Coalbed Methane Symposium, Tuscaloosa, 1993: 207-222.

[28] Smith J W, Pallasser R J. Microbial origin of Australian coalbed methane[J]. AAPG Bulletin, 1996, 80(6): 891-897.

[29] Butala S J M, Medina J C, Taylor T Q, et al. Mechanisms and kinetics of reactions leading tonatural gas formation during coal matuarion[J]. Energy and Fuels, 2000, 14(2): 235-259.

[30] 中国矿业学院瓦斯组. 煤和瓦斯突出的防治[M]. 北京: 煤炭工业出版社, 1979.

[31] 胡殿明, 林柏泉. 煤层气瓦斯赋存规律及防治技术[M]. 徐州: 中国矿业大学出版社, 2006.

[32] 张遂安, 曹立虎, 杜彩霞. 煤层气井产气机理及排采控压控粉研究[J]. 煤炭学报, 2014, 39(9): 1927-1931.

[33] 俞启香. 矿井瓦斯防治[M]. 徐州: 中国矿业大学出版社, 1994.

[34] 李国庆, 孟召平, 王保玉. 高煤阶煤层气扩散-渗流机理及初期排采强度数值模拟[J]. 煤炭学报, 2014, 39(9): 1919-1926.

[35] Ramswwamy G. A field evidence for mineral-catalyzed formation of gas during coal maturation[J]. Oil and Gas Journal, 2002, 100(38): 32-36.

[36] Michels R, Enjelvin-Raloult N, Elie M, et al. Understanding of reservoir gas compositons ina natural case using stepwise semi-open artificial maturation[J]. Marine and Petroleum Geology, 2002, 19(5): 589-599.

[37] 杨建业, 杜美利. 煤层气藏的储集特征及储层评价[J]. 西安地质学院学报, 1995, 17(3): 77-82.

[38] 唐修义. 有关煤成烃的基本认识[J]. 地学前缘, 1999, 6(增): 204-208.

[39] 鲜学福, 辜敏. 间接法预测煤层气含量时几个参数值的讨论[C]//中国力学学会2005年第一次学术第八届渗流力学学术讨论会, 北京: 4-5.

[40] 陈昌国, 辜敏, 鲜学福. 煤层甲烷吸附与解吸的研究与进展[J]. 中国煤层气, 1998, 6(1): 27-29.

[41] Gasser P H P. 金属的化学吸附和催化作用[M]. 赵璧英译. 北京: 北京大学出版社, 1984.

[42] Alexeev A D, Ulyanova E V, Starikov G P, et al. Latent methane in fossil coals[J]. Fuel, 2004, 83(10): 1407-1411.

[43] Alexeev A D, Vasylenko T A, Llyanova E V. Phase states of methane in fossil coals[J]. Solid State Comunications, 2004, 130(10): 669-673.

[44] 张晓东, 秦勇, 桑树勋. 煤储层吸附特征研究现状及展望[J]. 中国煤田地质, 2005, 17(1): 16-29.

[45] Yee D, Seidle J P, Hanson W B. Gas sorption on coal and measurement of gas content[J]. Hydrocarbons from Coal, AAPG, 1993, 7(2): 166-170.

[46] 张丽萍, 苏现波, 曾荣树. 煤体性质对煤吸附容量的控制作用探讨[J]. 地质学报, 2006, 80(6): 910-915.

[47] 苏现波, 张丽萍, 林晓英. 煤阶对煤的吸附能力的影响[J]. 天然气工业, 2005, 25(1): 19-21.

[48] 张群, 杨锡禄. 平衡水分条件下煤对甲烷的等温吸附特征研究[J]. 煤炭学报, 1999, 24(6): 567-570.

[49] 钟玲文, 张新民. 煤的吸附能力与其煤化程度和煤岩组成间的关系[J]. 煤田地质与勘探, 1990, 18(4): 29-35.

[50] Gan H, Nandi S P, Walker P L. Nature of the porosity in American coals [J]. Fuel, 1972, 51(4): 272-277.

[51] Laxm inarayana C, Crosdale P J. Role of coal type and rank on methane sorption characteristic of Bowen basin Australia coals [J]. International Journal of Coal Geology, 1999, 40(4): 309-325.

[52] 桑树勋, 朱炎铭, 张井, 等. 液态水影响煤吸附甲烷的实验研究[J]. 科学通报, 2005, 50(s1): 70-75.

[53] 钟玲文. 煤的吸附性能及影响因素[J]. 地球科学学报, 2004, 29(3): 327-333.

[54] Clarkson C R, Bustin R M. Variation in micropore capacity and size distribution with composition in bituminous coal of the Western Canadian Sedimentary Basin Implications for coalbed methane potential[J]. Fuel, 1996, 75(13): 1483-1498.

[55] Radovic L R, mennon V C, Leon Y, et al. On the porous structure of coals: Evidence for an interconnected but constricted micropore system and implication for coalbed methane recovery[J]. Adsorption Journal of the International Adsorption Society, 1997, 3(3): 221-232.

[56] Bustin R M, Clarkson C R. Geological control on coalbed methane reservoir capacity and gas content[J]. International Journal of Coal Geology, 1998, 38(1-2): 3-36.

[57] Clarkson C R, Bustin R M. Effect of pore Structure and gas pressure upon the transport property of coal: A laboratory and modeling study. 1. Isotherms and pore volume distribution[J]. Fuel, 1999, 8(11): 1333-1344.

[58] Alexeev A D, Vasilenko T A. Ulyanova E V. Closed porosity in fossil coals[J]. Fuel, 1999, 78(6): 635-638.

[59] 张晓东, 桑树勋, 秦勇, 等. 不同粒度的煤样等温吸附研究[J]. 中国矿业大学学报, 2005, 34(4): 427-432.

[60] 陈大力. 浅析煤系地层围岩体的瓦斯赋存特征[J]. 煤矿安全, 2006, 12: 48-69.

[61] 吴俊. 中国煤成烃的基本理论与实践[M]. 北京: 煤炭工业出版社, 1994.

[62] 姚艳斌, 刘大锰. 煤储层孔隙系统发育特征与煤层气可采性研究[J]. 煤炭科学技术, 2006, 34(3): 64-68.

[63] Yao Y B, Liu D M, Tang D Z, et al. Preliminary evaluation of the coal bed methane production potential and its geological controls in the Weibei coalfield, Southeastern Ordos Basin, China[J]. International Journal of Coal Geology, 2009, 78(1): 1-15.

[64] Cai Y D, Liu D M, Yao Y B, et al. Geological controls on prediction of coal bed methane of No.3 coal seam in Southern Qinshui Basin, North China[J]. International Journal of Coal Geology, 2011, 88(2): 101-112.

[65] 张慧, 李小彦, 郝琦. 中国煤的扫描电子显微镜研究[M]. 北京: 地质出版社, 2003.

[66] 张慧, 王晓刚. 煤的显微构造及其储集性能[J]. 煤田地质与勘探, 1998, 26(12): 33-35.

[67] Alexeev A D, Feldman E P, Vasilenko T A. Alteration of methane pressure in the coalbedpores of fossil coals[J]. Fuel, 2000, 79(8): 939-943.

[68] Laxminarayana C, Crosdale P J. Control on methane sorption capacitiy of Indian coals[J]. AAPG Bulletin, 2002, 86(2): 201-212.

[69] Crosdale P J, Beamsh B B, Valiex M. Coalbed methane sorption related to coal compositional[J]. International Journal of Coal Geology, 2002, 48(3-4): 245-251.

[70] Li H, Ogawa Y, Shimada S. Mechanism of methane flow through sheared coals and its role on methane recovery[J]. Fuel, 2003, 82(10): 1271-1279.

[71] 秦勇, 傅雪海, 叶建平, 等. 中国煤储层岩石物理学因素控气特征及机理[J]. 中国矿业大学学报, 1999, 28(1): 14-19.

[72] Law B E. The relationship between coal rank and cleat spacing: Implication for the prediction of permeability in coal[C]// Proceedings of the 1993 International Coalbed Methane Symposium, 1993: 435-442.

[73] VanKrevelen D W. Coal, Amsterdam[M]. Amaterdam: Elservier Publishing Co, 1981.

[74] Close J C. Natural fractures in bituminous coal gas reservoir[M]. Gas Research Institute Topical Report No. GR191/0337, 1991.

[75] Gash B W, Volz R F, Potter G, et al. The effect off cleat orientation and confining pressure on cleat porosity, permeability and relative permeability in coal[C]// Proceedings of the 1993 International Coalbed Methane Symposium, 1993: 247-256.

[76] Tyler R, Lauch S E, Ambrose W A, et al. Coal fracturing pattern in the foreland of the Cordilleran thrust belt, west United States[C]// Proceedings of the 1993 International Coalbed Methane Symposium, 1993: 695-704.

[77] Laubach S E, Marrett R A, Olson J E, et al. Characteristic and origins of coal cleat: A review[J]. International Journal of Coal Geology, 1998, (35): 175-208.

[78] Levine J R. Model study of the influence of matrix shrinkage on absolute permeability of coal bed reservoir[M]. Gayer R, Harris I. Coalbed Methane and Coal Geology. Geological Special Publication No, 109, 1996: 197-212.

[79] Connolly P, Cosgrove J. Predication of fracture-induced permeability and fluid flow in the crust using experimental stress data[J]. AAPG Bulletin, 1999, 83(5): 757-777.

[80] Karacan T, Okandan E. Fracture(cleat) analysis of coals from Zongudak Basin(northwestern Turkey) relation to the potential of coalbed methane production[J]. International Journal of Coal Geology, 2000, 44(2): 109-125.

[81] 鲜学福, 杜云贵, 辜敏. 地球物理场中煤层气的富集与运移研究[C]// 西安渗流会议论文集, 西安, 2007, 4: 1-2.

[82] 钟玲文, 郑玉柱, 员争荣. 煤在温度和压力影响下的吸附性能及气含量预测[J]. 煤炭学报, 2002, 27(6): 581-585.

[83] 赵志根, 唐修义. 较高温度下煤吸附甲烷实验及其意义[J]. 煤田地质与勘探, 2001, 29(4): 29-30.

[84] 鲜学福, 辜敏. 有关间接法预测煤层气含量的讨论[J]. 中国工程科学, 2006, 8(8): 15-22.

[85] 程宏斌, 张丽霞. 煤层气与环境[J]. 煤炭加工与综合利用, 2004, (3): 44-46.

[86] 程晓敢, 郑得文, 杨树锋, 等. 酒泉盆地晚白至世—古新世构造特征[J]. 石油与天然气地质, 2006, 27(4): 522-527.

[87] 张德民, 林大杨. 我国煤盆地区域构造特征与煤层气开发潜力[J]. 中国煤田地质, 1998, (A09): 37-40.

[88] 钱大都, 魏斌贤, 李钰. 中国煤炭资源总论[M]. 北京: 地质出版社, 1996.

[89] 张韬. 中国主要聚煤期沉积环境与聚煤规律[M]. 北京: 地质出版社, 1995.

[90] 苏现波, 陈江峰, 孙俊民. 煤层气地质学与勘探开发[M]. 北京: 科学出版社, 2001.

[91] 李小彦. 煤储层裂隙研究方法辨析[J]. 煤田地质与勘探, 1998, 26(9): 14-16.

[92] 王生维, 张明, 庄小丽. 煤储层裂隙形成机理及其研究意义[J]. 地球科学, 1996, 21(6): 637-640.

[93] 王生维, 陈钟惠. 煤储层孔隙、裂隙系统研究进展[J]. 地质科学情报, 1995, 14(1): 53-58.

[94] 刘洪林, 王红岩, 张建博. 煤储层割理评价方法[J]. 天然气工业, 2000, 20(4): 27-29.

[95] Solano-Asosta W, Mastalerz M, Schimmelmann A. Cleats and their relation lineaments and coalbed methane potential in Pennsylvanian coals in Indiana[J]. International Journal of Coal Geology, 2007, 72(3-4): 187-208.

[96] 秦勇, 徐志伟, 张井. 高煤阶孔径结构的自然分类及其应用[J]. 煤炭学报, 1995, 20(3): 266-271.

[97] 傅雪海, 秦勇, 张万红, 等. 煤层气运移的煤孔隙分形分类及自然分类研究[J]. 科学通报, 2005, 50(10): 51-55.

[98] 傅雪海, 秦勇, 薛秀谦. 分形理论在煤储层研究中的应用[J]. 煤, 2000, 9(4): 1-3.

[99] 傅学海, 秦勇, 薛秀谦. 煤储层煤储层孔、裂隙系统分形研究[J]. 中国矿业大学学报, 2001, 30(3): 225-228.

[100] 李小彦, 解光新. 孔隙结构在煤层气运移过程中的作用[J]. 天然气地球科学, 2004, 15(4): 341-344.

[101] 钱凯, 赵庆波, 汪泽成, 等. 煤层甲烷气勘探开发理论与实验测试技术[M]. 北京: 石油工业出版社, 1996.

[102] 胡涛, 马正飞. 吸附热预测吸附等温线[J]. 南京工业大学学报, 2002, 24(2): 34-38.

[103] 王盼盼, 秦勇, 高弟. 观音山勘探区煤层含气量灰色关联预测[J]. 煤田地质与勘探, 2012, 40(4): 34-38.

[104] 程瑞端, 陈海焱, 鲜学福, 等. 温度对煤样渗透系数影响的实验研究[J]. 矿业安全与环保, 1998, (1): 13-16.

[105] 张广洋, 胡耀华, 姜德义, 等. 煤的渗透性实验研究[J]. 贵州工业大学学报, 1995, 24(4): 65-68.

[106] 赵冰翠, 张荣曾. 关于煤孔隙的最新研究[J]. 煤质技术与科学管理, 1997, 3: 25-32.

[107] 姚艳斌, 刘大锰, 黄文辉. 两淮煤田煤储层孔-裂隙系统与煤层气产出性能研究[J]. 煤炭学报, 2006, 31(2): 165-170.

[108] 赵志根, 唐修义. 低温液氮吸附法测试煤中微孔隙及其意义[J]. 煤炭地质与勘探, 2001, 29(5): 28-30.

[109] 陈萍, 唐修义. 低温液氮吸附法与煤中微孔隙特征的研究[J]. 煤炭学报, 2001, 26(5): 552-556.

[110] 孙茂远. 煤层气开发利用手册[M]. 北京: 煤炭工业出版社, 1998.

[111] 张建博, 王红岩, 赵庆波. 中国煤层气地质[M]. 北京: 地质出版社, 2000: 1.

[112] 贾承造. 美国 SEC 油气储量评估方法[M]. 北京: 石油工业出版, 2005.

[113] 唐书恒, 史保生, 张春才, 等. 煤层气资源量计算方法探讨[J]. 中国煤田地质, 1999, 11(1): 36-38.

[114] 赵丽娟, 秦勇, 林玉成. 煤层含气量与埋深关系异常及其地质控制因素[J]. 煤炭学报, 2010, 35(7): 1165-1169.

[115] 秦勇. 中国煤层气产业化面临的形势与挑战[J]. 天然气工业, 2006, 26(12): 26-29.

[116] 赵丽娟, 秦勇. 超声波作用对改善煤储层渗透性的实验分析[J]. 天然气地球科学, 2014, 25(5): 747-752.

[117] 陈刚, 秦勇, 杨青, 等. 不同煤阶煤储层应力敏感性差异及其对煤层气产出的影响[J]. 煤炭学报, 2014, 39(3): 504-509.

[118] 张政, 秦勇, 傅雪海. 沁南煤层气合层排采有利开发地质条件[J]. 中国矿业大学学报, 2014, 43(6): 1019-1024.

[119] 赵庆波. 煤层气地质与勘探技术[M]. 北京: 石油工业出版, 1999.

[120] 彭龙仕, 乔兰, 龚敏, 等. 煤层气井多层合采产能影响因素[J]. 煤炭学报, 2014, 39(10): 2060-2067.

[121] 刘会虎, 桑树勋, 李仰民, 等. 沁南煤层气田开发区块内煤层气生产接替研究[J]. 中国矿业大学学报, 2011, 40(3): 410-416.

[122] 王猛, 朱炎铭, 李伍, 等. 沁水盆地郑庄区块构造演化与煤层气成藏[J]. 中国矿业大学学报, 2012, 41(3): 425-431.

[123] 刘新福, 綦耀光, 胡爱梅, 等. 煤层气井气水两相流入动态关系研究[J]. 中国矿业大学学报, 2011, 40(3): 561-565.

[124] 杨恒林, 汪伟英, 田中兰. 煤层气储层损害机理及应对措施[J]. 煤炭学报, 2014, 39(S1): 158-163.

[125] 苏喜立, 唐书恒, 羡法. 煤层气储存运移机理及产出特征[J]. 河北建筑科技学院学报, 1999, 16(3): 67-71.

[126] 李瑞, 乌效鸣, 李炯, 等. 煤层气井两相流多参数探测技术[J]. 煤炭学报, 2014, 39(9): 1862-1867.

[127] 王红岩, 焦贵浩, 等. 中国煤层气成藏有利条件及评价方法[J]. 天然气工业, 2005, 24: 9-11.

[128] 杨华, 席胜利, 马财林. 陕甘宁盆地煤层气勘探选区初步评价[J]. 天然气工业, 1997, 17(6): 18-21.

[129] 王书华. 白坪井田二1煤层煤层气赋存规律及影响因素[J]. 中国煤田地质, 2001, 13(3): 27-28.

[130] 龚永能. 滇东晚二叠世煤层气控制因素探讨[J]. 云南地质, 1997, 6(2): 129-140.

[131] 鲜保安. 煤层气洞穴完井机理及控制方法[J]. 天然气工业, 2004, 24(S): 39-41.

[132] 张井, 于冰, 唐家祥. 瓦斯突出煤层的孔隙结构研究[J]. 中国煤田地质. 1995, 8(2): 71-74.

[133] 许浩, 张尚虎, 冷雪. 沁水盆地煤储层孔隙模型与物性分析[J]. 科学通报, 2005, 50(10): 45-50.

[134] 郝振良. 热应力作用下的有效应力对多孔介质渗透系数的影响[J]. 水动力学研究与进展, 2003, 18(6): 792-796.

[135] 寿建峰, 张惠良, 斯春松. 砂岩动力成岩作用[M]. 北京: 石油工业出版社, 2005.

[136] 钟玲文. 中国煤储层压力特征[J]. 天然气工业, 2003, 23(5): 132-134.

[137] 杨胜来, 崔飞飞, 杨思松, 等. 煤层气渗流特征实验研究[J]. 中国煤层气, 2005, 2(1): 36-39.

[138] 冉启全, 李士伦. 流固耦合油藏数值模拟中物性参数动态模型研究[J]. 石油勘探与开发. 1997, 24(3): 61-65.

[139] 李志强. 重庆沥鼻峡背斜煤层气富集成藏规律及有利区带预测研究[D]. 重庆: 重庆大学, 2008.

[140] 孙茂远, 黄盛初, 等. 煤层气开发利用手册[M]. 北京: 煤炭工业出版社, 1998.

[141] 潘哲军, 尼克·科恩尔尔. 煤层气产量预测和矿区优化的储量模拟[C]//第四届国际煤层气论坛, 北京, 2004.

[142] 邓英尔, 黄润秋. 煤层气产量的影响因素及不稳定渗流产量预测[J]. 天然气工业, 2005, 25(1): 117-119.

[143] 张继东, 盛江庆, 刘文旗, 等. 煤层气井生产特征及影响因素[J]. 天然气工业, 2004, 24(12): 38-40.

[144] 曹立刚. 刘家煤层气井组生产动态分析[R]. 沈阳: 沈阳煤层甲烷气开发中心, 2006.

[145] 陈兆山. 曹立刚. 阜新五龙刘家区煤层气开发前景浅析[J]. 中国煤田地质, 2004, 16(5): 21-24.

[146] 张建民, 肖迅. 阜新合作区煤层气开发试采方案[R]. 盘锦: 辽河石油勘探局煤层气开发公司, 2008.

[147] 张建民, 肖迅. 阜新高瓦斯矿区煤层气开发与利用[R]. 盘锦: 长城钻探工程公司煤层气开发公司, 2008.

[148] 龙伍见. 美国煤层甲烷资源评价及开发技术现状[J]. 矿业安全与环保, 1994, (1): 43-48.

[149] 雷崇利. 煤层气资源类型的划分[J]. 西安科学院学报, 2001, (2): 132-135.

[150] Rogers R E. Coalbed methane: Principles and practice[J]. Prentice Hall, 1994: 345-347.

[151] 王志东. 美国煤层气资源评价内容及方法介绍[J]. 中国能源, 1998, (6): 43-46.

[152] 邵先杰, 董新秀, 汤达祯, 等. 煤层气开发过程中渗透率动态变化规律及对产能的影响[J]. 煤炭学报, 2014, 39(S1): 146-151.

[153] 许露露, 崔金榜, 黄赛鹏, 等. 煤层气储层水力压裂裂缝扩展模型分析及应用[J]. 煤炭学报, 2014, 39(10): 2068-2074.

[154] 谢广祥, 胡祖祥, 王磊. 工作面煤层瓦斯压力与采动应力的耦合效应[J]. 煤炭学报, 2014, 39(6): 1089-1093.

[155] 王双明, 王晓刚, 范立民. 韩城矿区煤层气地质条件及赋存规律[M]. 北京: 地质出版社, 2008.

[156] Li J S, Li Z X, Zu B H. Coalbed Methane (CBM) Project enrichment area and economic evaluation[C]//2013 International Conference on Future Energy & Materials Research (FEMR 2013), 2003.

[157] 杨福忠. 澳大利亚煤层气地质特征及勘探技术——以博文和苏拉特盆地为例[M]. 北京: 石油工业出版社, 2013.

[158] 李祥仪, 李仲学. 矿业经济学[M]. 北京: 冶金工业出版社, 2001.

[159] 程世洪. 矿业投资评价与咨询[M]. 武汉: 中国地质出版社, 2005.

[160] 张凤麟. 中国煤层气产业化研究[M]. 北京: 地质出版社, 2010.

[161] 邵先杰, 董新秀, 汤达祯, 等. 韩城矿区煤层气中低产井治理技术与方法[J]. 天然气地球科学, 2014, 25(3): 435-443.

[162] 王生维, 王峰明, 侯光久, 等. 新疆阜康白杨河矿区急倾斜煤层的煤层气开发井型[J]. 煤炭学报, 2014, 39(9): 1914-1918.

[163] 李国富, 李贵红, 刘刚. 晋城矿区典型区煤层气地面抽采效果分析[J]. 煤炭学报, 2014, 39(9): 1932-1937.

[164] 孟召平, 张纪星, 刘贺, 等. 考虑应力敏感性的煤层气井产能模型及应用分析[J]. 煤炭学报, 2014, 39(4): 593-599.

[165] 胡友林, 乌效鸣. 煤层气储层水锁损害机理及防水锁剂的研究[J]. 煤炭学报, 2014, 39(6): 1107-1111.

[166] 李瑞, 王坤, 王于健. 提高煤岩渗透性的酸化处理室内研究[J]. 煤炭学报, 2014, 39(5): 913-917.

[167] 马亚杰, 冯玉, 章之燕, 等. 煤层底板强含水层超前疏放分析与应用[J]. 煤炭学报, 2014, 39(4): 731-735.

[168] 傅雪海, 李升, 于景邨, 等. 煤层气井排采过程中煤储层水系统的动态监测[J]. 煤炭学报, 2014, 39(1): 726-731.

[169] Lv Y M, Tang D Z, Xu H, et al. Production characteristics and the key factors in high rank coalbed methane fields: A case study on the Fanzhuang block, southern Qinshui basin, China[J]. International Journal of Coal Geology, 2012, 96(97): 93-108.

[170] Meng Z P, Zhang J C, Wang R. In-situ stress, pore pressure and stress-dependent permeability in the southern Qinshui basin[J]. International Journal of Rock Mechanics & Mining Sciences, 2011, (48): 122-131.

[171] 王睿, 董范, 孟召平, 等. 樊庄区块构造对煤层气井产能的控制机理[J]. 中国矿业大学学报, 2014, 43(6): 1025-1030.

[172] 赵庆波, 李贵中, 孙粉锦, 等. 煤层气地质选区评价理论与勘探技术[M]. 北京: 石油工业出版社, 2009.

[173] 胡向志, 王志荣, 张振伦, 等. 煤层气开发与"三软"矿区瓦斯抽采[M]. 济南: 黄河出版社, 2011.

[174] 李金珊, 杨敏芳, 李仲学, 等. 川南筠连沐爱地区煤层含气量预测及影响因素分析[J]. 东北大学学报(自然科学版), 2015, 36(5): 709-714.

编　后　记

　　《博士后文库》（以下简称《文库》）是汇集自然科学领域博士后研究人员优秀学术成果的系列丛书。《文库》致力于打造专属于博士后学术创新的旗舰品牌，营造博士后百花齐放的学术氛围，提升博士后优秀成果的学术和社会影响力。

　　《文库》出版资助工作开展以来，得到了全国博士后管委会办公室、中国博士后科学基金会、中国科学院、科学出版社等有关单位领导的大力支持，众多热心博士后事业的专家学者给予积极的建议，工作人员做了大量艰苦细致的工作。在此，我们一并表示感谢！

《博士后文库》编委会